优质高效栽培技术

单守明　刘成敏　著

黄河出版传媒集团
阳　光　出　版　社

图书在版编目(CIP)数据

红枣优质高效栽培技术 / 单守明, 刘成敏著. -- 银川 : 阳光出版社,2021.12
ISBN 978-7-5525-6221-7

Ⅰ.①红… Ⅱ.①单… ②刘… Ⅲ.①枣-果树园艺 Ⅳ.①S665.1

中国版本图书馆 CIP 数据核字(2021)第 266596 号

红枣优质高效栽培技术　　单守明　刘成敏　著

责任编辑　申　佳　赵　倩
封面设计　赵　倩
责任印制　岳建宁

出 版 人　薛文斌
地　　址　宁夏银川市北京东路 139 号出版大厦（750001）
网　　址　http://www.ygchbs.com
网上书店　http://shop129132959.taobao.com
电子信箱　yangguangchubanshe@163.com
邮购电话　0951-5047283
经　　销　全国新华书店
印刷装订　宁夏凤鸣彩印广告有限公司
印刷委托书号　（宁)0022481

开　　本　720 mm × 980 mm　1/16
印　　张　13.5
字　　数　200 千字
版　　次　2021 年 12 月第 1 版
印　　次　2021 年 12 月第 1 次印刷
书　　号　ISBN 978-7-5525-6221-7
定　　价　48.00 元

前 言

枣果营养丰富，富含多种矿物质、维生素、氨基酸等营养物质，有天然维生素C丸之美称。中医理论认为，红枣具有补虚益气、养血安神、健脾、润心肺、止咳、补五脏、治虚损等作用，对慢性肝炎、肝硬化、贫血等病症有较好的疗效，因此食用红枣十分有利于人体健康。红枣除鲜食外，还可以加工成干枣、蜜枣、脆枣、枣酒、枣茶、枣汁、阿胶枣、枣精粉、枣蜜等。枣树适应性强，抗干旱、耐寒、耐盐碱，在荒山、荒漠、河滩均可栽培。枣树既可露天栽培，又可设施栽培，经济效益十分可观，是国土绿化、生态农业、脱贫致富的首选树种。

近几年，除了露天大面积种植外，设施栽培也在快速发展，调整了北方经济林的种植结构，促进了农村经济的发展。在枣树产业快速发展的过程中，针对市场消费需求的多样性、枣树栽植模式的多样性，枣树种植者需要不同种植模式下的栽培技术方面的资料来指导生产，降低生产成本，提高经济效益。为此，我们编写了本书，介绍枣树多种种植模式及提质增效的枣树栽培新技术，以指导枣树种植者根据当地自然气候条件和市场需求，有目的地进行枣树种植，达到提质增效的目的。

本书受宁夏重点研发计划项目(2019BBF02029)、宁夏大学建设“西部双一流大学”重大科技创新专项(ZKZD2017008)项目和宁夏大学优秀学术著作出版基金项目的资助。本书内容全面,技术实用可靠,操作性强,适用于我国不同生态类型的枣树种植,有利于枣树种植者学习不同枣树的种植技术,达到丰富知识、提高技术水平、开阔视野的目的。

需要特别说明的是,本书所用药物及其使用剂量仅供读者参考,不可完全照搬。在生产实际中,所用药物学名、通用名和实际商品名称存在差异,病虫害发生程度不同,施用药物浓度也有所不同,建议读者在使用每一种药物之前,参阅厂家提供的产品说明以确认药物用量、用药方法、用药时间及禁忌等。

在编写过程中,我们得到了许多枣树育种和栽培方面专家的大力支持与帮助,并参引了他们的成果及经验,在此一并致谢。

由于编者水平有限,书中难免存在不足之处,恳请广大读者批评指正。

目　录

第一章　我国枣树栽培概况

一、枣果的营养成分

(一)营养成分

枣果味道独特,脆甜味美,营养丰富。果实中富含可溶性糖(葡萄糖、果糖、蔗糖)、多糖;蛋白质、氨基酸;核黄素、硫胺素、胡萝卜素、尼克酸、维生素B、维生素C、维生素P,特别是维生素C含量极高,每100 g鲜枣含量高达300~600 mg,有天然维生素C丸之美称;环磷酸腺苷、香豆素类衍生物、儿茶酚、鞣质、挥发油;钙、磷、铁、硒等。

(二)枣果用途

① 鲜食。

② 制干。

③ 其他加工:免洗枣、滩枣、空心脆枣、熏枣、无核糖枣、蜜饯枣、烘干枣、枣夹核桃、奶枣、枣片、枣粒、枣粉、枣泥、枣酱、枣汁、红枣酵素、枣饮、枣香精、枣提取物等。

二、枣果的保健功能

(一)增强人体机能

红枣含有的功能性营养成分能够增强人体肌力、消除疲劳、扩张血管、增加心肌收缩力、改善心肌营养等;滋润肌肤,益颜美容;防止落发;健胃补脑,促进睡眠;补充钙质,防治骨质疏松;防治遗精,防腹泻等。

(二)提高人体抗性

防治心血管系统疾病,防治脑供血不足;预防输血反应,抗过敏;降低血清中谷丙转氨酶,降低胆固醇,保肝护肝,提高免疫力;抗肿瘤,抗氧化;降血压,防治贫血;用于药性剧烈的药方中,以减少烈性中药的副作用,保护脾胃不受伤害。

三、我国枣树的分布范围

(一)红枣的分布

枣原产于中国黄河中下游地区。我国枣树的栽培历史有 3 000 多年。红枣栽培区域主要为亚洲、欧洲、美洲。国外的枣树多引自中国,现已在韩国、日本、英国、俄罗斯、德国等 30 多个国家和地区栽培。

(二)红枣的植物学分类

枣在植物学分类中属于鼠李科枣属植物,全世界约有 100 个种,我国有 18 个种。

(三)我国的红枣栽培

目前,我国约有 700 多个枣品种,其中鲜枣 261 个,鲜、干兼用品种约 159 个,是世界上枣分布和品种最多的国家之一,也是我国最早栽培的果树种类之一。我国枣栽培面积 300 多万 hm^2,红枣产量 800 多万 t,占世界总面积和总产量的 99%,是我国第一大干果和第七大果树,在经济林产业中占有重要地位。我国枣栽培面积大省是新疆、山东、河北、河南、山西、陕西等,约占全国枣栽培面积和产量的 90%以上。

四、我国枣树的栽培品种构成

我国的枣树品种结构,制干、鲜食和蜜枣产量之比大约为 60 : 10 : 20,此外有少量观赏品种。北方多以制干和鲜食品种为主,南方则以蜜枣为主。近几年,冬枣和梨枣等鲜食品种的设施栽培发展最快。我国栽培面积大的枣品种主要有以下几种。

1. 金丝小枣

用于制干，主要分布于河北、山东环渤海地区。

2. 婆枣

用于制干，主要分布于河北太行山地区。

3. 赞皇大枣

用于制干和鲜食，分布于河北太行山地区。

4. 木枣

用于制干，主要分布于黄土高原、黄河两岸。

5. 灰枣

用于制干，主要分布于河南、宁夏、甘肃、新疆等地。

6. 圆铃枣、长红枣

主要用于制干，主要分布于山东以及河北的西南部。

7. 冬枣

鲜食为主，主要分布于山东沾化、河北黄骅，全国各地均有栽培（设施栽培）。

8. 梨枣

鲜食为主，主要分布于山西临猗，全国均有分布。

五、我国枣树的主要栽培模式

（一）间作

枣粮间作，枣棉间作。

（二）野酸枣立地嫁接建园

用山地、沟壑野生酸枣做砧木，直接嫁接大枣，进行栽培生产。

（三）庭院栽培

在房前屋后、庭院内外栽培。

(四)经济集约型栽培

为了特定的生产目的,进行集约规模化栽培生产。

(五)设施枣树栽培

利用大棚、日光温室等设施,进行枣树的促早、延后或避雨栽培。

六、我国枣树的栽培技术现状

(一)品种区域化

经过品种比较试验，从中选择最适宜的品种在某一地区进行大面积规模化生产。

(二)优质、丰产综合配套技术集成与示范

通过研究,集成出适于不同地区、不同品种的优质、丰产技术,并建立了一大批示范园。

(三)提高坐果率的技术集成

研究并集成了适于不同地区、不同品种的花期管理技术,主要有花前环剥,花期喷施适宜浓度的 6-BA、GA、ABT、PBO 等植物生长调节剂,喷施叶面肥等技术措施,以提高枣树的坐果率,并最终提高果实产量与品质。

(四)枣园覆盖技术

有树下铺园艺地布、行间全园覆草、白熟期铺反光膜等技术,既节省除草用工,又达到提高果实品质的目的。

(五)整形修剪技术

为了便于管理,研发、推广了主干形、两主枝开心形、细长纺锤形等轻简化的树形。

(六)培养木质化枣吊

由于木质化枣吊坐果率高、果个大、裂果少,在夏季干旱的枣园以及设施栽培中得到广泛应用。

七、红枣贮藏、保鲜与加工

(一)干枣贮藏

干枣的贮藏方法较多，小生产单位常用的方法是用麻袋或编织袋包装贮藏，还有缸藏、囤藏、棚藏等方法。这些方法简便易掌握，短期贮藏效果较好。现在先进的贮藏方法多为气调贮藏法，结合塑料袋真空包装、使用高能除氧剂等，使干枣贮藏期得到延长。

1. 晒干法

晒干法是将鲜枣放在太阳下制成干枣。红枣摊晒厚度一般为 6~10 cm。根据天气情况，每隔一段时间，需对摊晒的红枣进行翻动，使其均匀干制。在天气状况良好的情况下，采用晒干法，一般 10~15 d，可将红枣含水率降至 25%左右。

晾干法的缺点是受气候及环境因素影响极大。若遇阴雨天，会有大量烂枣情况发生，且易受沙尘或微生物侵染，红枣干制品存在一定的食品卫生和安全隐患，而且质量不均。

2. 晾干法

晾干法是将枣放置在阴凉、干燥、通风、避雨的地方晾干。每天翻动 1 次，使鲜枣的水分逐渐散失而成为干枣。晾干法干制红枣可以不受天气的影响，但是需要的时间长达 30~45 d，同时还需要较大的房舍和场地，不适合大量集中干制红枣。干制品也存在一定的食品卫生和安全隐患。

3. 烘房制干法

为了加快红枣的干制速度和提高加工产能，可在人工加热(燃煤、燃气、用电)的烘房干制红枣。将清洗后的红枣装入料盘，厚度一般为 1~2 层红枣。然后将料盘置于分层的料车上。烘房内的温度控制在 60℃左右。目前，烘房制干法已成为我国红枣制干技术的主流。与自然晾晒相比，烘房制干法有效降低了烂枣率，提高了红枣等级、成品枣的质量，最终提高了红枣的商品价值。

4. 干燥机制干法

目前，陆续开发出各种类型的干燥机，如带式干燥机、滚筒式干燥机、隧道式干燥机和脉动式连续干燥机等。此类干燥机在 65℃左右的条件下，干制时间一般为 20 h 左右。该方法减轻了工人的劳动强度，提高了制干效率。

5. 太阳能温室制干法

在西北太阳能丰富、干旱少雨的地区，用太阳能温室型干燥装置干制红枣，一般需 2~3 d。与传统的自然晾晒法相比，太阳能温室制干法成本低、效率高、烂枣率低、卫生条件可控，但受气候及天气影响较大。

6. 真空冷冻制干法

真空冷冻干制的红枣干制品品质要明显优于自然干燥和热风干燥，果肉色泽呈白绿色，与干制前相比，差别很小，有明显的红枣香味。

从营养物质的损失、果肉褐变和香气保存的角度考虑，真空冷冻干制是 1 种很好的干制方式，干制后可获得高质量的红枣。但真空冷冻制干法耗能高，设备造价昂贵，干燥前需对红枣进行去核及切片等前处理。

7. 微波与红外辐射制干法

微波干燥技术有效率高、低能耗、环保、杀菌、除虫等优点。微波干燥技术主要应用于干灰枣或半干灰枣的快速回软与干燥处理。微波功率一般在 50~150 kW，加工灰枣温度为 55~65℃，加工时间为 5~8 min。

8. 自然树体风干法

适用于甘肃、新疆等常年干旱少雨的地区，骏枣、灰枣等落果率低的品种。将枣果留在枣树上自然风干，等枣果含水量达到要求时，将枣果摇落后进行收集，然后分选、清洗、二次烘干即可。

（二）鲜枣保鲜

从 20 世纪 80 年代起，在各高校、科研单位、生产单位对枣果采收后果肉软化褐变的生理机理、枣果贮藏过程中病害发生规律及耐贮因素等进行系统研究的基础上，科研人员研发出多种贮藏方法，主要是气调贮藏技术，结合速冻冷藏、保鲜剂处理、利用化学药剂抑制枣果细胞呼吸等，可使鲜枣保鲜期达到 90~120 d。

（三）枣果加工

目前，我国以红枣为主要原料的深加工产品有上百个品种，大体可以分为以下种类。

1. 果脯蜜饯类

主要有金丝蜜枣、鸡心阿胶枣、乌枣、菠萝蜜枣、水冻蜜枣、无核糖枣、陈皮枣、紫晶枣、玉枣、鸡心薄荷枣、水晶枣、鲜蜜枣等。

2. 焦枣类

主要有空心焦枣、芝麻枣、香酥枣、奶油枣、三鲜枣、香心枣等。

3. 饮料冲剂类

主要有红枣可乐、姜枣豆奶、阿胶红枣粒粒珍、枣汁、钙枣珍、甜玉米核桃枣茶、枣参饮料、红枣茶、乌龙枣茶、鲜枣银耳枣茶、花生枣茶、红豆枣茶、红枣冰糖红豆沙、红枣冰糖绿豆沙、枣露、枣莲王、红枣莲子羹、红枣莲子麦芽羹、红枣苣仁羹等。

4. 糕片类

主要有西洋参枣片、阿胶枣片、桂圆枣片、薄荷枣片、维钙枣片、红枣糕等。

5. 酿制类

主要有枣酒、红枣醋、菊花枣酒、蜂蜜枣醋、银杏叶大枣保健露酒、枣汁酵素饮料等。

6. 红枣精类

主要有红枣香精、红枣多糖、枣挥发油、大枣红色素等。

7. 罐头类

主要有银耳枣栗罐头、红枣银耳罐头、蜜汁枣罐头、糖水玉枣罐头、糖水红枣罐头等。

8. 果酱类

主要有枣酱、枣泥、沙棘枣酱、多维枣酱等。

9. 药食类

主要有大枣汤、信枣散、地参枣茶、枣地归麻汤、丹枣汤、乌鸡大枣汤等。

10. 其他

主要有红枣糊、红枣八宝粥、金枣、枣干、红枣脆片、脆冬枣、枣花蜜、枣饼等。

(四)需要解决的问题

1. 研究保鲜技术,延长鲜枣保鲜供应期

目前,国内的鲜枣保鲜期为90~120 d,不能满足国内外市场对鲜枣的反季节需求以及周年供应的要求,因此延长鲜枣保鲜供应期是迫切需要解决的问题。

2. 挖掘加工潜力,开发更多品种

在传统的大宗枣制品中,蜜饯类属于高糖食品,市场占有量小。在焦枣类食品中,红枣的原有营养损失严重,不符合人们对高营养食品的追求。枣类加工品口味单一,多为甜味,应积极开发更多品种,以满足更多消费者的需求。

3. 提高技术含量,开发名牌产品

目前,市场上的红枣加工品普遍存在的问题是技术含量低、档次低、营养损失严重,难以形成规模效益和名牌效应。为了开发新产品,应应用微波技术、冷冻干燥技术、二氧化碳超临界提取技术、超滤技术及表面活性技术,结合真空浓缩设备、真空冷冻干燥设备、真空低温微波干燥设备等,提高枣加工品的科技含量和质量水平,使枣加工企业向规模化发展,形成名牌效应。

4. 围绕药用价值,开发保健食品

枣果被称为"百药之引"。枣果中的卢丁能防治动脉硬化,环磷酸腺苷、儿茶酚对治疗肝炎、补血健脑、抗癌有特殊疗效，因此应加大红枣药用价值的开发。

（五）前景

1. 加强宣传

我国是世界上最大的红枣出口国，在全球红枣生产和贸易中占有绝对主导地位，但世界上许多国家的消费者还不了解红枣，应加大宣传力度，让世界认识红枣、接受红枣，使红枣产品国际化。

2. 加强合作

国际市场的进一步开拓将有力地推动我国红枣贮藏、保鲜、加工等新技术的开发，同时会促使新的枣加工企业出现。市场竞争会引导企业积极采用先进设备，研发新技术，扩大规模，提高产品档次，结合市场需求，开发、生产更优、更精的系列产品。实施名牌战略，培养一批红枣生产龙头企业。

3. 产学研相结合

研究红枣贮藏、保鲜和加工的重点实验室将陆续建立。科研单位与企业、红枣种植者的联系将更为密切，红枣种植、加工、销售、科研部门之间将结成互动链条，优势互补、互惠互利，逐渐形成完备的产业链。

八、影响红枣采后加工的因素

（一）选择耐贮藏的品种

晚熟品种比早熟品种耐贮藏。

兼用品种、抗裂品种比鲜食品种更耐贮藏，0~3℃条件下可贮藏 40 d 以上。

（二）影响贮藏的因素

1. 成熟度

枣果成熟度越低则越耐贮藏。白熟期的初红果最耐贮藏，全红果耐贮藏性最差。

2. 温度

在鲜枣的冰点温度以上，贮藏温度越低则贮藏期越长。

3. 湿度

贮藏环境的相对湿度在 90%~95%，则贮藏期相对较长。

4. 气体成分

不同品种的枣对贮藏环境的空气成分要求不同。

圆铃大枣类品种贮藏气体成分要求为氧气含量 3%~5%，二氧化碳含量<2%。

蛤蟆枣、临汾团枣、襄汾圆枣等品种不宜进行气调贮藏。

（三）贮藏方法

目前，比较先进的贮藏方式有涂膜、药剂、真空保鲜、急降温、采前采后激素处理等。

九、目前枣产业存在的问题

（一）缺乏优新品种

目前，主栽培品种大多是从老品种中选出的优系。常规杂交育种方法、诱变育种以及生物学技术育种培育出的新品种，在综合表现方面，很少高于传统品种。

（二）未形成品种区域化

目前，各个红枣主产区均缺乏系统的优新品种区域化研究，因此无法做到适地适栽，导致品质下降，未充分发挥当地资源优势，最终经济效益不高，挫伤了红枣生产积极性。

（三）枣果品质严重下降

因市场和经济效益的原因，枣园土、肥、水管理技术水平低，环剥技术不到位，枣园投入少，造成果个大小不均，枣果含糖量低、果皮厚、果肉薄、风味淡，导致经济效益差。

（四）病虫害防治不当

老枣区枣疯病发生严重，新枣区锈果病、裂果、绿盲蝽象危害严重，对果实品质造成严重影响，最终造成重大经济损失。虽然枣树无公害生产方面的技术标准较多，但是我国枣产区环境和品种结构复杂，缺乏具有针对性的无公害及绿色生产技术规程，这些需要进行更加深入的研究。同时企业应组建自己的技术团队，优化出因地制宜的无公害配套技术。

（五）新技术成果转化率低

近年，各地研发集成了一大批实用新技术，创造了一批优质高产典型，但新术大多局限于试点或示范区，未能大范围推广使用。红枣生产企业应建立自己的技术团队，提高团队技术水平，对现有新技术进行改进，以适应自己企业的实际情况。

（六）采后加工环节技术薄弱

枣果采收处理（分级、清洗、打蜡、预冷、贮藏、包装等）环节对保持和提高枣果品质、附加值与商品价值意义重大。我国这些方面的技术和设备水平均较低，投入少，造成枣果采后损失率高、附加值低、外向度低、出口少，不利于我国枣产业健康可持续发展。

十、我国枣产业的理论与技术研究现状

针对枣树栽培方面的理论和技术研究，主要集中在整形修剪、保花保果、施肥、间作及贮藏加工等方面。

基础研究方面，主要集中在枣树品种的生物学特性、生理生化、起源、分类等。

枣树病虫害防治的研究，主要集中在枣锈病、枣疯病、枣裂果、枣缩果病（铁皮病）、绿盲蝽、食叶卷叶类害虫、食花芽害虫、枝干害虫等病虫害的危害机理、发生规律及防治措施等方面。

枣树品种资源利用与创新、品种选育与贮藏加工等方面的研究比栽培

生理方面的研究更少。

十一、我国枣产业发展趋势

(一)鲜食枣产业发展迅速

中华人民共和国成立以来，我国枣面积和产量剧增，市场价格稳中有升。特别是鲜食枣和设施鲜枣产业发展迅速,伴随冷链和贮藏保鲜技术水平的提高,鲜食枣已实现周年供应,扩大了出口贸易,对农村农业经济的发展做出巨大贡献。

(二)品种组成趋于合理

随着研究成果的增多和技术的深入，品种更新加快，基本做到适地适栽。鲜食枣在冷凉地区进行设施栽培,制干品种在雨量少、光照足、温差大的西部地区大面积发展。管理更加精细化,制干、鲜食、设施栽培早、中、晚品种搭配更加协调。

(三)重视果品安全生产

随着消费者健康意识的提高,无公害、绿色、有机、健康的果品越来越受到欢迎。产前、产中、采后各生产环节及流通环节更加受到重视,产品溯源追溯系统更加普及。

(四)打造和维护优质名牌

枣果品质必须针对市场需求,低档大宗产品要实现优质低成本,高档产品应向高营养和功能性食品方向发展。在提高枣果及制品科技含量和附加值的前提下,必须加强名优品牌的打造和维护。

十二、我国主栽省份的红枣品种

(一)河北

1. 主要产区

太行山产区:主栽品种为婆枣、赞皇大枣。

黑龙港流域产区:主栽品种为金丝小枣、冬枣。

2. 主要品种

河北枣树栽培品种有 130 多个,主要有金丝小枣、婆枣、赞皇大枣、冬枣和圆铃枣。

金丝小枣:河北省第一大主栽品种,主要分布于沧州和廊坊等地。

婆枣:河北省第二大主栽品种。

赞皇大枣:我国目前唯一已知的三倍体品种,在生产中,又称为金丝大枣。

圆铃枣:主要分布在河北省南部的邢台和邯郸平原、河流故道区域。

冬枣:河北省主要鲜食品种。

3. 主要枣加工产品

有蜜枣、脆枣、枣酒、枣茶、枣汁、阿胶枣、枣精粉、枣蜜等。

出口产品主要是干制红枣和加工品,销往新加坡、日本、马来西亚、韩国、英国、法国、德国、澳大利亚等,以及中国港澳台地区。

(二)河南

河南是枣的重要起源地和栽培区。

1. 主要产区

内黄、新郑、灵宝、镇平等。

2. 主要品种

枣种质资源丰富,分布广泛,栽培历史悠久,有 90 多个栽培品种。

鲜食品种:冬枣、临猗梨枣、薛城冬枣、桐柏大枣、金丝小枣、辣椒枣、大白铃、大叶无核枣、焦作大枣、兰考大布袋枣、无核枣、九月青、南乐糖枣等。

制干品种:灰枣、新郑灰枣、鸡心枣、灵宝大枣、广洋大枣、长红枣等。

(三)山东

山东收集、保存枣品种资源 370 多份。大面积栽培的品种主要是金丝系列、鲁枣系列、圆铃枣、冬枣、梨枣、长红枣等。

1. 制干品种

金丝小枣:普通金丝小枣、金丝 2 号、金丝 4 号和无核小枣,主要分布在鲁北平原的无棣、乐陵、庆云、惠民等地。

圆铃枣:普通圆铃、圆铃 1 号、圆铃 2 号、茌圆金、茌圆银,主要分布在鲁西平原的茌平等地。

圆铃枣、长红枣:大马牙、小马牙、葫芦长红、圆铃枣,主要分布在鲁南山地丘陵区。

2. 鲜食品种

冬枣:鲁北冬枣、沾冬 2 号,主要分布在鲁北平原沾化、无棣、东营等地。

(四)山西

山西沿黄枣区是我国红枣的发源地之一,有 3 000 多年的栽培历史。

1. 主要产区

沿黄地区。

2. 主要品种

木枣:主要分布于吕梁地区的临县、柳林、石楼、永和等地。

骏枣:主要分布于交城等地。

官滩枣:主要分布于襄汾等地。

板枣:主要分布于稷山等地。

壶瓶枣:主要分布于太古、榆次、平遥、交城、清徐等地。

油枣:主要分布于德县等地。

梨枣:主要分布于余姚、临猗、运城等地。

屯屯枣:主要分布于平路等地。

郎枣:主要分布于山西太古、祁县、平遥等地。

相枣:主要分布于运城等地。

(五)新疆

新疆枣种植面积和产量居全国第一,是我国优质枣栽培中心之一。

1. 主要产区

南疆:阿克苏、巴州、和田、喀什。

东疆:吐鲁番、哈密。

2. 主要品种

新疆有100多种红枣品种,多为20世纪80年代初从河北、山东、山西、陕西、河南等地引入。

主栽品种:灰枣、骏枣及赞皇大枣。灰枣和骏枣的栽培面积占新疆总栽培面积的95%以上。

其他品种:冬枣、金丝小枣、鸡心枣等。

(六)甘肃

甘肃的红枣品种约有100多个。

1. 地方品种

敦煌大枣、鸣山大枣、临泽小枣、临泽大枣、民勤小枣、民勤圆枣、兰州圆枣、小口枣、晋枣、陇东冬枣、马牙枣、天水圆枣、夏枣、武都大枣、陇南蜜枣、文县小枣等。

2. 引进品种

制干品种:灰枣、金枣、金丝大枣、灵宝大枣、鸡心枣、骏枣等。

鲜食品种:冬枣、芒果冬枣、梨枣、灵枣、七月鲜、大王枣、早脆王等。

观赏品种:龙枣、胎里红、茶壶枣、葫芦枣、磨盘枣、辣椒枣等。

(七)南方

南方枣的栽培历史悠久,品种资源丰富。湖南、湖北等在古代也是产枣的地方。

1. 地方品种

品种丰富,达20种以上,主要有长枣、牛奶枣、鸡蛋枣、观音枣、木枣、药枣、圆枣、珍珠枣、牛角枣、糠头枣等。形成了湖南衡阳糖枣、溆浦鸡蛋枣,广西灌阳长枣,浙江义乌大枣,安徽宣城尖枣,四川三台米枣、罗江调元枣,江西南城麻姑仙枣，重庆武隆羊角枣等地方传统品种与特色枣产区。

2. 引进品种

山西梨枣、山东大雪枣、沾化冬枣、脆枣王、枣脆王、赞黄大枣、金丝新4号、国光蜜枣、伏脆蜜等。山西梨枣在南方产区因果实大、结果性能好、产量高而得到大面积栽种。

3. 选育品种

南方沾化冬枣（玉泉1号）、苹果冬枣、猪腰枣、麻姑1号枣等。

第二章　枣的生物学特性

一、根系

(一)根系的组成

枣树的根系分为垂直根、水平根、单位根和细根。

1. 垂直根

由实生根系形成，或由水平根分枝向下生长而成。主要功能是牢固树体,吸收土壤深层的水分和养分。

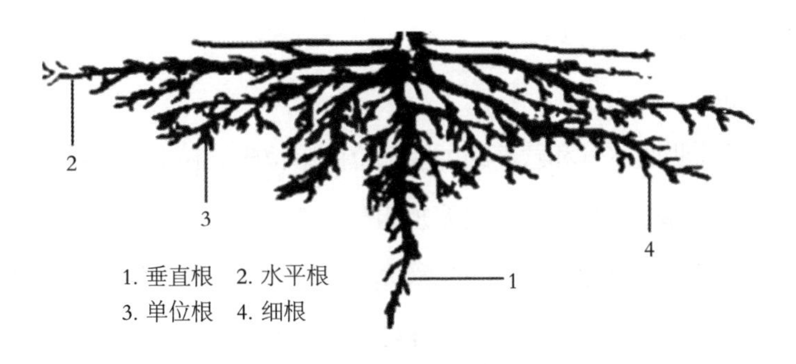

图 2-1　根系的组成

垂直根向下延伸的能力较强。在土层厚、土质好、地下水位低的土壤中可深达 3~4 m。垂直根的分枝力弱,粗度明显小于水平根,通常很少分生细根。

2. 水平根

在土壤中沿水平方向向四周扩展延伸,是枣树根系的骨架。水平根分枝角度小,多呈二叉、三叉式向前延伸,其上着生较少的细根。幼树期,水平根生长迅速。盛果期后,生长缓慢。衰老期,出现向心更新。

水平根多分布在 10~60 cm 深的土层,15~40 cm 深的土层最多。一般枣树水平根分布的半径为树冠半径的 3~6 倍。6 年生枣树水平根长达 4 m,40~50 年生枣树的水平根可达 16~18 m。

3. 单位根

由水平根分枝形成,延伸能力不强,长 1~2 m,直径 1 cm 左右。单位根的分枝力很强,着生很多细根,主要功能是分生细根。

单位根和水平根有互相转化的现象。

在单位根与水平根的连接处能形成膨起的萌蘖脑,由此再分化形成新的植株。枣树根孽的发生与品种、繁殖方法、土壤条件、生长势、水平根的直径等有关。一般直径 5~10 mm 的水平根上易发生根萌株,这是枣树繁殖的 1 种重要方法。

不同枣树品种根孽的发生特性不同,断根可刺激根孽的发生。土壤疏松,根孽发生较多,生长势强的枣树也易生根孽。树势弱、土壤黏重或管理粗放的枣园,则根孽发生少。

4. 细根

枣树根系吸收水分和营养的主要部位由单位根分枝形成,直径 1~2 mm,聚集在单位根周围,从形成到死亡无加粗生长。

细根的寿命一般仅 1 个生长季,落叶后大量死亡。在肥水充足、通气状况良好的土壤中,细根生长迅速,分枝密集;在高温、干旱、水涝等不利条件下易死亡。

(二)根系的分布

枣树根系的分布特点是伸展广远、密度较小。

枣树的骨干根系以水平根为主,集中分布在树冠的范围内。成龄大树水平根超过树冠半径 3~6 倍,最长可达 18 m。垂直分布深度 4 m 以上。

90%以上的根分布在 10~60 cm 的土层中,15~50 cm 深的土层分布最多,占全树总根数的 70%~75%。

(三)根系的生长发育规律

1. 温度要求

春季，地温 7~8℃时根系开始萌动，11℃以上时开始生长，21℃时开始旺盛生长，25~29℃时生长速度最快。秋季，地温降至 11℃时根系停止生长，之后逐渐休眠。

2. 根系的生长发育规律

在我国华北枣区，3 月中下旬至 4 月上旬芽萌动前，枣树细根开始活动，细根开始缓慢生长。5 月中上旬展叶生长期，地温达到 18~20℃时，根系生长逐渐加速。7 月中旬至 8 月中旬，地温达到 25℃以上时，根系出现生长高峰。8 月下旬以后，随着地温的下降，生长渐缓。9 月中旬以后，基本没有新根生长。10 月下旬至 11 月上旬，随着气温和地温的降低，枣树叶片逐渐变黄脱落，根系停止生长活动，并贮藏回流的营养，逐渐进入休眠期越冬。

二、枝条

(一)枝条的分类

枣树的枝条分为枣头、枣股和枣吊。根据其形态特征和功能的不同，又可分为生长性枝和结果性枝。

1. 生长性枝

又称枣头、发育枝或营养枝，是形成枣树树冠骨架和结果枝组的基础，主要作用是扩展树冠，延长主、侧枝。随着枝龄的增加不断加粗生长，构成树冠的中干、主枝、侧枝等稳定骨架。

顶芽：有继续萌发、延长生长的能力。

副芽：基部副芽，萌发形成结果枝。

中上部副芽：萌发后形成二次枝(结果基枝)。二次枝上的副芽当年萌发形成结果枝。

图 2-2　枣头

2. 结果性枝

分为结果基枝、结果母枝、结果枝。

(1)结果基枝

由枣头中上部的副芽萌发形成,呈“之”字形。第二年,每个“之”字形节上的正芽都能萌发形成一个结果母枝(枣股)。

结果基枝当年停止生长后,枝梢不形成顶芽,因此不再延长生长。

结果基枝的先端随枝龄增长及营养缺乏逐渐枯死，结果基枝的长度逐渐缩短。

结果基枝的寿命因品种和生长势而异,一般在 8~15 年。

(2)结果母枝

又称枣股,是由发育枝和结果基枝上的正芽萌发形成的短缩枝。

枣股顶芽每年萌发抽生 2~7 条结果枝，生长叶片和开花结果。

图 2-3　枣股

枣股年生长量很小,基本不伸长,但会随着基枝的加粗而加粗，但是直径一般不超过 1.2 cm。

枣股的顶芽每年一般只萌发 1 次，但是大量落叶时会萌发第二次。

枣股的寿命为 6~18 年。着生部位、环境条件和品种影响其寿命。

(3)结果枝

又称枣吊、脱落性枝,是枣树开花结果的枝条。

图 2-4　枣吊

结果枝纤细柔软,呈浅绿色;每个叶腋间能形成 1 个花序;秋季落叶后,结果枝逐渐干枯、死亡、脱落;一般不分枝,多为单轴延长生长。

(二)枝条的生长发育

枣树的发育期需要较高的环境温度。枣树是果树中萌芽最晚、落叶最早的树种。

1. 温度要求

日平均气温 11~12℃时,树液开始流动。

日平均气温 13~14℃时,芽体开始膨大萌动,逐渐长成结果枝和发育枝。

日平均气温 18~19℃时,结果枝和发育枝进入旺盛生长期。

日平均气温低于 15℃时,结果枝和叶片开始变黄并逐渐脱落。

2. 枝条的物候期

发芽:4 月中旬至 5 月上旬,枣股萌芽最早,其次为枣头的顶芽,枣头的侧芽萌芽最晚。

旺盛生长期:5 月上旬至 6 月下旬生长最快,之后生长渐趋缓慢。

树势中等的盛果期树,枣头旺盛生长期为 5 月上中旬至 6 月上中旬,历时 30~40 d。

停长期:7 月下旬生长基本停止,枣头生长期 50~90 d。

落叶:10 月下旬至 11 月上旬。

(三)叶片

叶片生长期在发芽后 2 周开始,历时约 2 个月,高峰期是发芽后的第四周至第五周。

花期前,形成 80%全年叶面积。

花期以后,叶片和叶面积的增长也迅速减缓。

三、芽的种类和花芽分化

(一)芽的种类

枣树的芽主要分为正芽、副芽、隐芽和不定芽 4 种。

1. 正芽

属于鳞芽，芽的外面有鳞片。着生于发育枝和结果母枝顶端，以及发育枝、结果基枝侧生叶腋中，当年一般不萌发。

2. 副芽

属于裸芽，芽的外面没有鳞片。在叶腋中形成并萌发生长，或以芽的复合体的一部分包裹在正芽之中，位于正芽的侧上方。

着生于发育枝中、上部的副芽萌发形成结果基枝。

着生于发育枝下部或结果基枝、结果母枝上的副芽萌发形成结果枝。

3. 隐芽

暂不萌发的芽。隐芽的寿命长，因品种和着生位置的不同而不同。一般主枝基部的隐芽寿命较长，枝条顶端的隐芽寿命较短。

4. 不定芽

多出现在主干、主枝基部或机械伤口处。由射线薄壁细胞发育而成。幼树改接、大枝疏枝时，不定芽会在愈伤组织处抽生成发育枝。

（二）花芽

1. 花序

枣花花序为单生或 3~10 朵组成紧密的二歧聚伞花序或不完全二歧聚伞花序。

2. 着生位置

枣花芽着生于当年抽生结果枝的各节叶腋中。

3. 花芽分化时间

随结果枝延长生长，叶腋不断分化花芽，至全树结果枝生长停止而结束。

枣花是当年分化当年开放，分化速度快，单花分化期短，而全树分化持续期长。

枣树的 1 个单花分化时间约 8 d，1 个花序分化期为 6~20 d，1 个结果枝的分化期持续1个月左右，1株树的花芽分化期达2~3个月。

4. 花器官分化

当枣吊长至0.2~0.3 cm时，花芽分化开始。

枣吊长至1 cm时，最早分化的花的各部分器官已基本形成。

出现花蕾形状时，花部器官分化完成。

5. 分化顺序

结果枝上基部的花芽开始分化，然后是结果枝的中部和上部。

花序的中心花最先分化，然后侧花分化。

花的开放顺序和分化顺序一致。

（三）枣花

1. 花型

枣花属两性完全花类型，是典型的虫媒花。

2. 结构

枣花花径5~8 mm。

萼片：位于最外层，5片。黄绿色，三角形，排列成五角星形。

花瓣：位于第二层，5片。与萼片交错着生。白色或浅黄色，匙形，很小。

雄蕊：位于第三层，5个。雄蕊着生于花瓣内侧。花朵盛开前，每个花瓣抱合1个短小的雄蕊。花朵盛开后，花瓣离开雄蕊外展，使花药散粉。雄蕊内侧为宽大的环形蜜盘。花朵盛开初期，蜜盘开始大量泌蜜，吸引昆虫采蜜传粉，第二天下午停止泌蜜。环境条件不适宜时，蜜盘不分泌蜜汁。

雌蕊：着生于蜜盘中心，柱头发达，2裂。花朵盛开时，柱头向两侧分开，富有黏液，易接受昆虫携带的花粉。

子房：上位，大部分包埋于蜜盘中，2室，也有3~4室的。每室有倒生胚珠1个。

3. 开花

幼树开花最早，衰老树最晚。

树冠外围开花最早，树冠内部较晚。

多年生枣股枣吊开花最早，当年抽生的发育枝开花最晚。

枣吊基部开花最早。

中心花（1 级花）先开，依次开放 2 级花、3 级花……枣的花序最多 6 级，但 6 级花大多发育不良而脱落。

（四）单花的开放顺序

1. 蕾裂期

花蕾开始裂缝，萼片互相分离。

2. 初开期

开始有 1 个或数个萼片向上伸展，邻近的雄蕊花丝伸长，花药开裂，蜜盘转成黄色或黄绿色。

3. 半开期

萼片全部向上展开，但未展平，柱头已有受粉能力，有的已粘着花粉。

4. 瓣立期

萼片平展，花瓣直立，仍然抱合雄蕊，蜜盘开始泌蜜。

5. 瓣倒期

花瓣离开直立的雄蕊向外平展，花药全部开裂，大量散粉。

6. 花丝外展期

花丝向外平展，又与花瓣套合，花药干缩变成褐色，蜜盘呈黄绿色或绿白色，泌液停止。有的品种此期花丝仍直立或斜立，不与花瓣套合。

7. 柱萎期

柱头变成褐色，花瓣与萼片开始凋萎。受精的花朵子房开始膨大，绿色加深，形成幼果，6~7 d 后萼片变黄脱落。

正常天气时，从蕾裂到花丝外展的 6 个时期大多在 1 d 内完成，从蕾裂到柱萎经历 2~3 d，柱头接受花粉的时间为 30~36 h。柱头萎以前，柱头都有接受花粉的能力。

(五)影响开花的因素

1. 温度

气温对枣花开放的影响很大,需要有较高的温度。

始花期:日平均温度18~20℃。

盛花期:日平均温度20℃以上。

受精坐果期:日平均温度21~25℃。连日高温会加快开放进程,缩短花期,对开放和坐果没有直接的不良影响。短时间温度下降会延缓花朵开放,引起开花进程不整齐。

高温和干燥的空气会抑制花粉发芽,出现焦花现象,造成大量落花落果。

2. 品种

单个枣花在1 d中开放的时间每个品种有较大差异。根据枣树品种开花时间的不同,可将枣树分为昼开型和夜开型2类。

(1)昼开型

蕾裂:9:00—14:00。

散粉:12:00—16:00。

代表品种:金丝小枣、无核小枣、圆铃枣、长红枣、赞皇大枣、婆枣、板枣、晋枣等。

(2)夜开型

蕾裂:20:00—5:00。

散粉:8:00—11:00。

代表品种:义乌大枣、绵枣、冬枣、梨枣、灵宝大枣、灰枣等。

(六)授粉坐果

在自然条件下,枣树品种分异花结实和自花结实2种。多数品种可自花结实和单性结实。

枣树虽可自花结实和单性结实,但配置适宜的授粉树可提高坐果率,增加产量。

1. 异花结实的原因

无花粉或花粉发芽率过低，必须配置适当的授粉品种。

2. 授粉时间

枣花单花寿命短，有效授粉期也短，在开花当天授粉的坐果率最高，随开花时间的延长而坐果率大幅度下降。

3. 温度要求

花粉发芽温度为21~35℃。25~28℃时发芽率最高，花粉管生长最快。

高温对花粉发芽没有明显的抑制作用。

在0~5℃低温、干燥、无光的条件下，花粉贮藏1个月，发芽率下降50%。

4. 其他条件

最适宜枣花粉发芽的空气湿度为70%~100%，干燥的空气影响花粉发芽。

微量元素硼能显著提高发芽率。

四、果实发育

枣的果实为拟核果。花朵授粉受精后，由子房、柱基分生组织、花柱沟和蜜盘分生组织共同发育形成枣果实。

枣的果实由外果皮、中果皮（果肉）、内果皮（果核）、种子和果柄组成。

（一）果实的发育过程

花朵开放到果实完全成熟可分为4个阶段。

1. 花后缓慢增长期

此时期约2周。

从花朵开放膨大成锥形幼果，至锥形果上端开始平展生长。

此期花柱基部、花柱沟和部分蜜盘组织衍化成分生组织，细胞快速分裂增长，蜜腺由白变绿，由花柱、子房、花盘组成的星盘发育成矮小的锥形果，最后长成高度略大于底径的平顶锥形的幼果。

此期的果实细胞分裂旺盛，细胞数量迅速增加，但是果实体积增大很慢，果核、种子还未明显发育。

2. 幼果迅速增长期

此时期 2~3 周。

此期花盘外围组织推移到果实底部，萼筒反卷内凹，果实外形由平顶锥形变成品种特有的圆形、椭圆形或其他形状。

子房壁细胞分裂减慢，细胞体积迅速增大，细胞增大成薄壁细胞并形成空腔，内果皮细胞演化成厚壁细胞，使果核轮廓逐渐明显。

核内种子开始加速生长。此时期果实纵径的增长速度大于横径。

3. 缓慢生长期

此时期 3~8 周。

此期外果皮和中果皮细胞生长减缓，内果皮细胞壁继续增厚，加速木质化。果实外形变化较小，纵径、横径及果重增加缓慢。果核完全硬化，核纹明显。

有种子的，种皮和种胚发育迅速，种皮由白色渐变成黄褐色，子叶很小，渐呈浅绿色。

4. 熟前增长期

此时期 3~6 周。

果皮先由绿色变成绿白色或乳白色，继而逐渐转红，直到全部变成棕红色。外果皮角质层继续增厚。果肉细胞以及胞内的液泡不断增大，细胞间隙也逐渐增大。糖分迅速增加，可溶性固形物含量逐渐增加。

种子继续发育，种皮棕红色，种胚乳白色，种子成熟。后期果实完熟，具有品种特有的颜色、果形、风味等。

此期果实体积、重量增长较快。

（二）落花落果

枣树是多花树种，花量远超树体的结果能力，落花落果严重。

枣的自然坐果率占总花的1%左右。枣花开放后,没有受精的花朵在5~6 d后即枯黄掉落。金丝小枣坐果率为0.4%~1.6%，郎枣为1.3%，晋枣为1.39%,鸭枣为1.2%,婆枣为1%~2%。

坐果率受品种,树体营养状况,花期气温、湿度、日照等因素的影响。

根据果实发育的情况可分为锥形果期落果、硬核前落果和采前落果。

1. 锥形果期落果

时间:发生在谢花后的锥形幼果时期,持续2~3周。

现象:最初果面光泽变暗,绿色由深变浅,最后变黄、萎蔫、脱落。

内在原因:树体营养不足。此时期叶片的光合能力较弱,主要营养来源于树体的贮藏,此时是抽枝展叶和分化形成花芽的时期,需要大量的养分，且竞争性强,因此造成营养生长和果实生长竞争的矛盾,导致一些锥形幼果因缺乏营养供应停止生长而脱落。幼树、生长过旺的树和发枝力强的品种此期落果严重。

外在原因:在北方,此时期正是全年最干旱的时节,因土壤干旱而引起。若根主要分布层土壤含水量低于14%(V/V),一般品种就会大量落果。此时期应及时灌水,保证幼果发育的必需水分。在南方枣区,此时期是梅雨季节，光照不足、气温偏低是落果的主要原因。

2. 硬核前落果

时间:发生在锥形果期后到果核硬化前的幼果迅速生长期。

现象:最初果面光泽变暗,4~5 d绿色渐变成黄绿色或黄色,果实萎蔫，果肉变软而脱落。有的果实脱落前干枯变成红色。落果期长,落果不整齐,大多出现在生长迟缓的小果上。

原因:树体供给果实的营养不足,导致果实发育中止而脱落。坐果过多、弱树、果实发育大小不齐的品种,此时期落果严重。栽培中加强水肥管理,提高叶片光合性能,保持树体健壮,可减少落果。

3. 采前落果

时间：白熟期到完全着色的成熟期。

现象：落果发生较整齐，几天内逐渐出现。落果前果柄先退绿泛黄，果实失水，果肉逐渐变软、慢慢收缩，果皮出现皱纹，稍受震动，果实即会脱落。

原因：成熟生理引发的落果。主要原因是果实进入成熟阶段，果实内乙烯含量增大，果柄基部脱落酸浓度增加，促使果柄形成离层而发生落果。长期大量偏施氮肥，树冠郁闭、光照差，果实轮纹病、炭疽病等病害的发生均会引起大量落果。

落果严重的品种：骏枣、板枣、圆铃枣、山西梨枣等。

落果少的品种：金丝小枣、长红枣、婆枣、冬枣、孔府酥脆枣、六月鲜等。

在果实生长后期喷布萘乙酸或防落素可有效减少落果。

第三章　枣树对环境的要求

一、温度

（一）不同物候期的温度

枣树是喜温果树,对气温十分敏感。不同物候期对日平均温度的要求见下表：

表 3-1　不同物候期对日平均温度的要求

物候期	日平均温度
枣芽萌动	13~15℃
花芽分化	>17℃
新梢旺长	18~19℃
现蕾	>19℃
开花	21~25℃
果实成熟	18~22℃
落叶	<15℃
休眠期	−31~−28℃
需冷量	0~7.2℃(42~70 d)

（二）枣树冻害的防治

在西北地区，枣树冬季常遇冻害，新植枣树和苗圃的枣苗更易受冻干缩。防治措施如下。

1. 树干涂白

时间:落叶后至土壤结冰前。

刷白剂的配制:3 kg 生石灰+1 kg 硫磺粉+1 kg 食盐+0.2 kg 食油+0.1 kg 面粉+15 kg 水,搅拌均匀即可。刷涂时,要边搅动边刷涂。

作用:保持树干水分,防寒,防晒,防病虫,防动物啃伤。

2. 包裹树干

时间:落叶后至土壤结冰前。

方法:用棉毡、纸板、塑料等材料,包裹地表至第一主枝的主干。

作用:防抽条,防动物啃伤。

3. 熏烟

时间:霜冻前。

方法:在锯末、枯叶、杂草、作物秸秆上喷洒废柴油或废机油。

作用:预防霜冻。

4. 清雪

时间:雪后晴天。

方法:轻摇树干,清理树干周围的积雪。

作用:防止树干冻伤、树皮冻裂。

5. 覆地膜

时间:春季土壤刚解冻。

方法:树冠下铺设地膜、园艺地布,覆草。

作用:提高地温,防止早春枝条抽干。

6. 加强管理

为使枣树健壮生长,增强抗寒、抗病能力,应选用抗寒良种,秋季合理控制水分,科学施肥,合理整形修剪等。

7. 建防护林网

高标准的防护林网可有效地避免或减轻冻害和霜冻危害。

二、光照

枣树是喜光性植物。

1. 光照充足的优点

结果较多、坐果率高、果实品质好。

2. 光照不足的缺点

① 抽生的发育枝细长,二次枝短小。

② 叶色浅,结果能力减弱。

③ 树冠内堂结果基枝枯死。

3. 光照时间

制干品种:4—10 月,日照时数>1 500 h。

优质制干品种:4—10 月,日照时数>1 700 h。

三、水分

枣树适应能力强,只要有充足的水源,在降水量 100~1 800 mm 的地区都可种植枣树。

开花坐果期:要求较高的土壤水分和适宜的空气湿度,雨量过少或阴雨连绵都会抑制坐果,影响产量。

果实白熟期:要求适当的土壤水分和空气湿度。空气干燥、土壤干旱会引起果面日烧。

果实转红着色期:适当干旱和光照充足可提高果实含糖量和外观品质。遇雨或不当灌溉会导致裂果和烂果。

四、土壤

1. 土壤类型

对土壤的适应能力强,不适应重黏土,适应砾质土、沙质土、壤土、黏壤土、酸性土和碱性土等。

2. 土壤 pH 值

pH 值 5.5~8.5 的土壤均可。

3. 土壤含盐量

耐盐力强，土壤总盐量<0.3%，其中氯化钠<0.15%、重碳酸钠<0.3%、硫酸钠<0.5%。

4. 优质高产园的土壤要求

土层深厚、肥沃、疏松、透气性好的土壤，枣树根系发达，植株健壮，枝叶繁茂，结果多，产量高而稳定。

土层浅薄、透气不良、保肥保水能力差的沙土或砾质土，枣树生长势弱，落果严重，产量低而不稳定，且树势早衰。

5. 不同品种对土壤的要求

长势强的品种：对土壤适应性强。

长势弱的品种：适应性弱，要求较肥沃、深厚的土壤。

落花落果严重和易裂果的品种：对土壤水分敏感，要求保水力强的土壤。

五、风

1. 休眠期

抗风能力很强。

2. 花期

大风影响授粉受精，易导致落花落果。

干热风易吹干枣花柱头黏液，雄蕊萎缩，花萼、雌蕊呈褐色，这种现象称为焦花。后果是枣花不能授粉受精，坐果率大大降低，产量大幅下降甚至绝产。

3. 幼果期

大风易吹折结果枝，增加落果。

4. 成熟前

大风造成大量落果,严重减产。

5. 措施

① 建园时避免建在风口。

② 建立科学、合理的防护林。

③ 采用适宜的种植密度和树形以抵抗大风。

④ 采取合理的水肥管理,提高树体抗性。

⑤ 花期喷施 GA3、6-BA、寡糖、多肽、叶面钙肥等提高抗性。

⑥ 幼果期至采收前,喷施萘乙酸等降低落果率。

第四章　枣的品种

全世界的枣树约有 100 个种，我国有 18 个种。枣树在栽培上应用的种主要有普通枣、酸枣和毛叶枣；栽培最广泛的是普通枣类。我国有 700 多个枣品种，其中鲜枣品种约占我国枣品种的 37%，鲜食加工兼用品种约占 22.7%。

一、普通枣

普通枣原产于我国，是我国的主要栽培种。普通枣适应性广、抗性强，广泛分布于我国各地。

（一）植物学特征

普通枣常为二倍体（2n=24），也有三倍体（赞皇大枣），落叶乔木，树体比较高大，树高 6~12 m。普通枣寿命较长，在适宜的环境条件下，寿命 200~500 年。山东、河北等传统枣种植区有树龄 300 年以上的枣树。

1. 枝干

树干和老枝呈浅灰色或深灰色，片裂或龟裂。

2. 枝条

枣头一次枝、二次枝在幼嫩时为绿色，光滑无毛。成熟后为黄褐色或紫褐色，各节有托刺。

3. 枣吊

绿色，纤细柔软，其上托刺细小柔软，叶片展开后不久即脱落。枣吊在落叶后即死亡脱落。

4. 叶片

卵状椭圆形、卵形或卵状披针形。叶缘平整或呈波浪形，锯齿锐或钝。蜡质，互生，绿色。

枣吊上叶片排成2列，长3~9 cm，宽2~6 cm，叶柄长0.2~0.6 cm。

5. 花

花序：聚伞花序或单花，着生于枣吊叶腋间。单个枣花直径5~8 cm。

萼片：绿色，三角形，与花瓣、雄蕊一样同为5个。

蜜盘：发达，肉质，近圆形。

花药：长约0.3 cm。

花丝：短，椭圆形，浅黄色，纵裂。

子房：下部埋于蜜盘中，与蜜盘合生，2室。

柱头：短小，2裂，盛开时先端分开。

花期：5—8月。

6. 果实

发育期为6—10月。

果实为红、紫红或紫褐色。

果形为圆形、椭圆形、卵圆形、梭形、长筒形、葫芦形等。

果柄短。

果核两端尖，有菱形、圆形、纺锤形等，核面有明显沟纹。

（二）特殊品种

1. 无刺枣

特点：枣头无托刺或小刺易脱落。无刺枣更便于栽培和管理。

常见品种：冬枣、骏枣等。

2. 龙爪枣

呈龙爪状，也称龙枣、龙须枣、蟠龙枣，多用于观赏。

特点：生长势较弱，枝弯曲扭转生长，坐果率低，果皮厚，果面高低不平，品质不佳。

常见品种:山西襄汾龙枣、山东乐陵龙枣等。

3. 葫芦枣

又名缢痕枣、磨盘枣,多用于观赏。

特点:果实中部或中上部有缢痕,不同品种的缢痕部位及深度不同。

常见品种:山西葫芦枣、山东磨盘枣等。

4. 宿萼枣

特点:果实基部萼片宿存,初为绿色,较肥厚,随果实发育、成熟变为肉质状,最后呈暗红色。外皮稍硬,肉质柔软,肉干而无味。

常见品种:陕西柿蒂枣、山西宿萼枣。

二、酸枣

酸枣原产于我国，中心分布地带为黄河中下游地区，长江流域也有分布,是我国栽培枣品种(系)的原生种。适应性比普通枣强,野生分布广泛,数量多,为栽培枣品种的优良砧木。

(一)树体

有灌木、小乔木、乔木等多种类型。灌木型株高 3 m 左右,乔木型株高 12~14 m。

(二)枝、叶

叶片、花朵较小。

枝条节间短,分枝多。

棘针发达。

(三)果实

果小,圆形,直径 1~1.5 cm,重 1~3 g。

味酸至酸甜,维生素 C 含量很高,可用来加工饮料和食品。

果核大,呈圆形或长圆形。

有1~2粒种子。种仁饱满,萌发率高,可入药。

抗性强,耐旱、耐涝、耐瘠薄。

三、毛叶枣

毛叶枣又名滇刺枣、印度枣。分布于我国的广东、云南、台湾等地;东南亚的印度、越南、泰国、缅甸、马来西亚等国。

(一)树体

常绿小乔木或灌木,树高3~15 m。

(二)枝

嫩枝上密被黄褐色绒毛,多年生枝为黄棕色。

(三)叶

叶片蜡质至厚蜡质,互生。

成龄叶表面光滑无毛,绿色,背面密被白色或黄白色绒毛,基处有3条叶脉。

叶较大,卵形短圆状,叶长2~7 cm,宽1~6 cm。

(四)花

花序为聚伞状花序,腋生。花小,直径约4 mm。

(五)果实

果形为圆形或长圆形,纵、横径1~2 cm。

果实为橙色或红色,成熟时变为黑色。

果皮厚,肉薄,肉质疏松,果味酸,品质差。

果核大,为圆形或长圆形,两端钝圆。

毛叶枣既可制干又可鲜食,干枣常做药用。

产量高,抗旱力强,不耐寒,遇-4℃以下的低温即受冻死亡。

四、分类

目前,我国对枣品种的分类主要有以下 3 种。

(一)按坐果期最低温度界限分类

1. 广温型品种

开花坐果最低温度界限为日均温 21℃,是适应范围最广的类型。在花期凉爽或酷热的地区都能栽培。

主要品种:金丝 3 号、大白铃、大瓜枣、山西梨枣、绵枣、麻枣等。

2. 普通型品种

开花坐果最低温度界限为日均温 23℃,大多数品种均属此类。

主要品种:金丝小枣、无核小枣、圆铃枣、山东梨枣、冬枣等。

3. 高温型品种

开花坐果最低温度界限为日均温 24℃,生长期气温低则长势减弱,开花结果不良。

主要品种:长红枣等。

(二)按果实成熟期分类

1. 早熟品种

果实生育期为 70~90 d,采收期为 8 月中下旬。

主要品种:六月鲜、枣庄脆枣、长脆枣、乐陵小枣等。

2. 早中熟品种

果实生育期为 90~100 d,采收期为 9 月上旬,多为鲜食品种。

主要品种:疙瘩脆、绵枣、大白铃、山东梨枣等。

3. 中熟品种

果实生育期为 100~115 d,采收期为 9 月中下旬。此类品种最多,为鲜食、鲜食与制干兼用、制干、加工品种。

主要品种:妈妈枣、辣椒枣、孔府酥脆枣、马牙枣、金丝小枣、圆铃枣、婆枣等。

4. 晚熟品种

果实生育期 120 d 以上,采收期为 9 月下旬至 10 月中旬。主要为制干品种和部分鲜食品种。

主要品种:冬枣、骏枣、灰枣等。

（三）按用途分类

1. 鲜食品种

果实肉质松脆,汁多,味甜,酸甜可口,但是果实中的糖分和干物质含量均较低。

主要品种:大白铃、大瓜枣、六月鲜、孔府酥脆枣、妈妈枣、辣椒枣、冬枣等。

2. 制干品种

果实内干物质含量高、糖分高。充分成熟的枣果内干物质含量在 50%~60%。果实以制作干枣为主。干枣可加工成无核糖枣、焦枣、枣泥、枣汁、枣酒、枣蓉、枣糖等产品。大果品种制作乌枣。果大、肉松、皮色好的品种加工成蜜枣。果小肉细的品种制作糖水罐头。

主要品种:圆铃枣、长红枣、灰枣、骏枣等。

3. 蜜枣品种

果形整齐,为短柱形或椭圆形。果个大,果皮薄,白熟期呈乳白色或浅绿色,肉质松,含水较少。

主要品种:兰溪马枣、连县木枣、南京枣、嵊州白蒲枣、义乌大枣、宣城尖枣、篙县大枣等。

4. 兼用品种

果实既可鲜食,又可干制,还可制蜜枣,用途较广。

主要品种:金丝小枣、赞皇大枣等。

5. 观赏品种

果形奇特或枝条扭曲,主要用于观赏。

主要品种:茶壶枣、磨盘枣、葫芦枣、龙爪枣等。

五、优良品种的标准

(一)适生

能适应当地的气候特点和土壤条件。

抗寒、抗旱,耐盐碱、耐瘠薄,抗裂果和抗落果。

(二)抗病

对枣锈病、枣疽病、缩果病、焦叶病有较强的抗性。

枣锈病:品种间的抗性差异不明显。

枣疯病:品种间的抗性差异明显。长红枣抗枣疯病能力强;圆铃枣抗枣疯病能力弱。

炭疽病和轮纹病:品种间的抗性差异明显。

(三)果实品质

1. 鲜食品种

果个中大,平均重 12 g。均匀整齐,果形端正,果面光洁。色泽紫红或深红。核小皮薄,可食率在 95%以上。果肉质地细脆,汁液中多,清脆可口,糖酸比适中,可溶性固形物含量在 32%以上。不裂果,脆熟适采期长。枣果保鲜期长。

2. 制干品种

果形端正,大小整齐。肉核比在 10∶1 以上,制干率在 50%以上,干枣含糖总量在 65%以上。干枣入口绵香,不裂果,色泽深红或紫红,皮韧性强,肉有弹性,抗压,耐搓揉,不易折裂掉皮,贮存期长。

3. 加工品种

果个中大,平均重 12 g,大小整齐。为两端平圆的短圆柱形、椭圆形,便于机械去核、切纹加工。皮厚,白熟期皮色浅,呈乳白色或浅绿色,利于提高蜜枣色泽品级。果肉质地松软,含水量低,便于加工渗糖。

(四)早结果

当年抽生的发育枝所形成的结果枝当年就具有开花坐果的能力，可正常成熟，形成商品果。

在较好的土肥水管理条件下，嫁接苗定植后第二年即可开花结果，第三年即可形成较高的商品生产，5~8年即可进入盛果期。

(五)丰产

在适宜的气候、土壤和管理条件下坐果稳定。

2年生以上的结果母枝抽生的结果枝具有较强的坐果能力。

落花落果轻，坐果率高，能年年丰产。

六、新品种的选择原则

枣树新品种的选择要遵循市场优先及“一新二高三优”的原则。

市场优先：市场上需要的品质特点。

一新：尽可能选择通过省级以上林木品种审定委员会审定的新品种(系)。二高：产量高，丰产稳产；经济效益高，市场表现较好。三优：优良、优质、优价。

七、引种时需要注意的问题

1. 原产地

对于引入的新品种，栽植园的环境气候条件要与原产地相似，或者能够人为地创造出与原产地相近的环境条件。枣树引种必须充分了解该品种对环境适应的广泛程度。

2. 环境条件

引种时要根据本地区的生态条件类型选择最适合的品种，以达到高产、稳产、优质、高效的目的。

3. 管理措施

采取各种适当的管理措施，以满足该品种的生长发育要求，目的是降低生产成本，提高果实品质和产量，提高经济效益。

八、引种步骤

1. 严格检疫

检疫工作是引种的重要环节，以防止有害生物随苗木带到引种地区，给引种地区生态系统和枣树生产带来额外的损失。

2. 引种数量

每个品种的苗木 50 株以上，高接换头数量不少于 30 株，试验期限不低于 3 年。

3. 登记编号

引进的品种需登记编号。登记项目主要有品种名称、材料来源、品种来源、引种数量、引种日期、引种人等。

4. 调查记载

每年均需对引进的品种进行数据调查。

① 气候条件：空气温湿度、光照、降雨、风速（常规小型气象站）。

② 物候期：萌芽、新梢生长、花期、幼果期、白熟期、红熟期、采收期、落叶期。

③ 树体生长发育：树干粗度，枝条长度、粗度等。

④ 结果习性：坐果率，产量，果实大小、形状、品质等。

⑤ 抗性。

⑥ 管理技术。

5. 试验总结

结合引进品种的特性，研究总结出一套适合该品种在引入地的栽培管理技术，使该品种的优点得到最大限度的发挥。

6. 鉴定推广

① 根据试验结果，对引进品种进行综合指标评价。

② 邀请专家、种植者、销售者、消费者进行现场查验和品尝评价。

③ 对其优缺点、发展前途、预期效益进行客观、公正的评价。

④ 通过各种途径进行宣传和推广。

⑤ 推广后及时跟踪服务。

九、主要的优良品种

（一）鲜食品种

1. 冬枣

果实中大，近圆形，果面平整光洁，平均果重 14 g，最大果重 23.2 g，大小较整齐。果皮薄而脆，白熟期呈浅绿色，后转赭红色。果肉细嫩多汁，味甜，略具酸味。完熟期可溶性固形物含量 27%左右，是目前品质最佳的晚熟鲜食品种。

树势中庸偏弱，发枝力中等。发育枝紫褐色。针刺退化，枣股圆锥形，抽生枣吊 3~5 个。枣吊长 14~18 cm，常有二次生长。叶长圆形，窄长，色深绿，光泽较暗。花量大，花朵较小。在露天条件下，果实生育期 125~130 d，9 月下旬进入果实白熟期，10 月上旬着色，10 月中旬完全成熟。成熟期遇雨基本不裂果。

适应性较强，在黏壤、沙壤及轻盐碱地中均能较好地生长结果。幼树结果期晚，定植后 3~4 年开始结果，结果稳定，产量中等。花期需要采取环剥、喷施赤霉素等技术以获得高产。适于果实生长期长、气候环境温和的地区集约化栽培。

2. 大白铃

果实近球形或椭圆形，平均果重 25.6 g，最大果重 80 g。果皮棕红色，有光泽，美观。果肉松脆，略粗，汁中多，味甜，可溶性固形物含量 30%左右，品质上等。9 月中旬成熟，果实发育期 95 d 左右。果实生长期极少落果，采前有落果现象，成熟期遇雨基本不裂果。

树体中大，树姿开展，发枝力中等。枣头红褐色，较粗，针刺不发达，短小，枣股抽生枣吊 3~4 个。枣吊长 15.5~35 cm。叶片卵形，深绿色。花量中等，丰产稳产。

适应性强，较耐旱。定植当年即能结果，第二年大量结果，第三年丰产。

3. 大瓜枣

果实扁圆形或圆形，平均果重 25.7 g，最大果重 40 g，大小整齐。果皮较薄，浅红褐色，有光泽。果肉乳白色，质地细脆，汁中多，可溶性固形物含量 32%~34%，品质上等。9 月中下旬果实成熟，生长期约 100 d。成熟期遇雨极少裂果。

树体较大，树姿开张。发育枝浅红褐色，针刺不发达，细短，2~3 年生枝灰白色，多年生枝灰褐色。枣股圆柱形，枣吊 10~18 cm。叶片长卵圆形，较厚，深绿色。花量中等，坐果极稳定。成熟期不耐旱，遇旱会发生采前落果。

适应性强，定植 3 年即可丰产，产量稳定。

4. 孔府酥脆枣

果实长椭圆形或长倒卵形，侧面略扁。平均果重 12 g，最大果重 20 g，果形、大小整齐。果面不平整，有 7~8 条纵向浅棱。果皮较厚，深红色，光亮艳丽。果肉酥脆，汁液中多，甜味浓，稍具酸味。可溶性固形物含量白熟果为 28%，脆熟期的全红果为 35%~36%。可食率 95%，可采期长，品质上等。果实生育期 95 d 左右，9 月上中旬成熟。炭疽病和轮纹病发病轻。遇雨很少裂果。

适应性较强，在沙壤质和黏壤土中生长、结果良好，产量高而稳定。栽种第二年结果，第三年株产 2~3 kg。2 年生以上的枝系结果力强，结果枝平均坐果数 1.2 个。

5. 山东梨枣

中早熟品种。果实多为梨形，大果为椭圆形或倒卵形，平均果重 18.5 g，最大果重 55 g,大小不整齐。果皮薄且光亮,赭红色,有紫红斑点。果肉厚,质细松脆,汁液较多,味甜,略具酸味,可溶性固形物含量 30%~32%,可食率 95.8%,品质上等。

树姿开张,发育枝红棕色,粗壮,针刺细小。每个枣股抽生 3~4 个枣吊,枣吊长粗,长 20~24 cm。谢花后枣吊有二次生长习性,落果重,花量大,无花粉,需配植授粉。9 月上中旬果实成熟。成熟期遇雨不裂果。炭疽病、轮纹病发病轻。

6. 六月鲜

早熟品种。果实长椭圆形或长倒卵形,果重 13~19 g,大小整齐。果皮中厚,紫红色,光亮艳丽。果肉质细松脆,汁液较多,甜味浓,可溶性固形物含量 34.5%,可食率 97.2%,果核较小。8 月下旬至 9 月上中旬采收。遇雨极少裂果。炭疽病、轮纹病发病轻。

树姿开张,树势偏弱,发枝力中等。枣股圆柱形,每个枣股抽生 3~5 个枣吊。枣吊长 13~15 cm,着叶 8~10 片。叶片卵状披针形。

花量中等,花朵坐果温度为 23℃以上。适应性较强,产量较高。

7. 山西梨枣

果实倒卵梨形或椭圆形,果重 25~30 g,最大果重 40 g,大小不整齐。果皮薄,赭红色,果面粗糙,光泽差。果肉白色,肉质松脆,汁中多,可溶性固形物含量 28%~33%。9 月中下旬果实成熟。果实抗病差,采前落果严重,易裂果。

干性弱,树姿开张。枣头红褐色,生长中庸,针刺不发达。枣股寿命短,抽生 4~5 个枣吊。枣吊长 16 cm 左右。叶片较小,卵圆形,深绿色。花量少,坐果稳定,为广温型品种。早实丰产性极强,栽种当年即有部分植株结果,第二年可大量结果。

8. 疙瘩脆

果实椭圆形或倒卵形,果重 15~21.6 g,大小整齐。果皮光洁,棕红色,光亮艳丽。果肉质细松脆，汁液较多，味甜，略有酸味，可溶性固形物含量33%~36%。9月上中旬成熟，发病轻，遇雨不裂果。

适应性强，较耐瘠薄和干旱。结果较早，坐果稳定，产量较高。

9. 辣椒枣

果实长锥形或长椭圆形，果顶略歪斜，形状似辣椒。果重10~14 g，大小整齐。果面平整光洁。果皮薄，赭红色。果肉质脆，汁液中多，甜酸可口。可溶性固形物含量36%~37%。9月中下旬成熟，遇雨裂果较重。

适应性强，树体较小，发枝力较弱。早实性强，产量极高而稳定。果实病害少，炭疽病发生轻。

10. 妈妈枣

果实卵圆形或长卵圆形，向一侧歪斜，近顶部细瘦成乳头状。大小整齐，果重10.8~12 g。果皮薄，紫红色，有光泽。果肉细嫩松脆，汁液多，可溶性固形物含量30%~42%，可食率96%。果实生育期约110 d。9月下旬成熟。遇雨裂果较重。

适应性较强。结果早，产量极高而稳定。果实抗病力强。

11. 蜂蜜罐

果实中等偏小，近圆形，果重7.7~11 g，大小整齐。果皮薄，鲜红色，有光泽，果面不平整，有隆起。果肉绿白色，肉质细脆，较致密，汁液较多，可溶性固形物含量25%~28%，品质中上。果核中大。成熟期遇雨果实易裂。

树势较强，树姿半开张。枣头红褐色，托刺不发达。枣股圆柱形，粗大，抽生3~5个枣吊，枣吊长11~20 cm。叶片较小，卵状披针形。花量中多。

适应性较强，幼树结果早，产量高而稳定。

12. 七月鲜

果实圆柱形，平均果重29.8 g。果皮中厚，深红色，果面光滑。果肉质细，味甜，汁液较多，可溶性固形物含量25%~28%。8月下旬成熟，果实生育期85 d左右，果核较小。

树势强，树姿开张，树干灰褐色。多年生枝深褐色，枣股圆锥形，抽生 2~5 个枣吊，枣吊长 16~26 cm。叶片长卵圆形，叶尖较锐，叶缘有锐锯齿，花量多。

适应性强，较抗裂果，采前不落果。果实抗缩果病，对炭疽病敏感。早实性强，丰产性好。

13. 伏脆蜜

果实短柱形，果重 16.2~27 g。果皮紫红色，果面光滑。肉质细而酥脆，味甜，汁液较多。8 月中旬脆熟，可溶性固形物含量 29.9%。果核较小。

树势中庸。枣头浅褐色，生长旺，针刺不发达。萌芽力强，成枝力强。枣股较小，抽生 3~5 条枣吊，枣吊长 12~20 cm。自花结实率较高。叶片较小，卵状披针形，花朵较小，花量较多。

抗旱，耐瘠薄，适应性强，结果早，丰产性强。

14. 早脆王

果实卵圆形，平均果重 30 g，大小较均匀。果皮薄，鲜红色，果面较光滑。果肉绿白色，质细脆，味甜，汁液多，可溶性固形物含量 39%，果核小。9 月中下旬果实成熟。

树势中庸，树姿开张。枣头红褐色，萌芽力中等，枣股圆锥形，抽生的枣吊多，枣吊较粗长。叶片较大，卵状披针形。花量较多，昼开型。

适应性强，结果早，丰产性好。

15. 大王枣

又名南阳蜜枣，为稀有鲜食品种。果实特大，平均果重 46 g，最大果重 80 g。果皮赭红色，薄。果肉厚，黄白色，味甜，汁多，松脆，总糖含量 32%，总酸含量 0.32%，可食率 97%。每百克含维生素 C 约 442.3 mg。

16. 芒果冬枣

外观酷似芒果，白熟期为金黄色，完熟期呈鲜红色，极具鲜食和观赏价值。平均果重 35 g，最大果重 65 g。皮薄肉细，汁多核小，酥甜味浓，脆嫩无渣，品质上等。10 月中旬成熟，早果丰产。

可矮化密植、设施栽培和庭院种植。

17. 宁梨巨枣

果实圆形或椭圆形，平均果重 40 g，最大果重 120 g。果皮淡红色，果面不光滑，果点大而明显。果皮薄，果肉绿白色，酥脆味甜，品质优良。

18. 灵武长枣

果实长卵圆柱形或略扁的长椭圆柱形，平均果重 15 g，最大果重 40 g。果皮紫红色，果点红褐色，不明显，鲜艳亮丽。果皮薄，果肉绿白色，肉质细脆，酸甜适口，品质极佳，是优良的鲜食品种。10 月上旬成熟。

（二）鲜食制干兼用品种

果实性状介于制干和鲜食品种之间，既可以鲜食或加工，又可以制干。

1. 金丝小枣

果实较小，果重 4~6 g。果呈圆形、长椭圆形、圆柱形、倒卵形等。果皮薄，鲜红光亮。果肉致密细脆，汁液中多，味甘甜，微具酸味，可溶性固形物含量 34%~38%，制干率 55%~58%。9 月下旬完熟，成熟期遇雨易裂果。

干制红枣果形饱满，味清甜，无苦辣味，皮薄富韧性，耐压耐搓，色泽深红，外观光亮，皱纹细浅，耐贮运。

树势中庸，树姿开张，干性中强，产量高而稳定。枣头灰黄色，叶片卵状披针形。花量多，早实丰产性较差，花期需环剥。

适应性较差，不耐瘠薄，但耐盐碱。

2. 金丝 1 号

果实倒卵形，平均果重 6.4 g，整齐度较高。果面平整，果皮薄，浅红褐色，有光泽。果肉乳白色，致密脆硬，汁液中多，味甜，无杂味，可溶性固形物含量 36.6%，制干率 53.1%。

干制红枣饱满，外形美观，果皮韧性强，皱纹中细，富弹性。

适应性较强，幼树结果早，丰产稳产，裂果率低。

3. 金丝 2 号

果实长椭圆形，平均果重 6.8 g，整齐度高。果皮薄，浅红褐色，有光泽。果肉乳白色，致密脆硬，汁液中多，味甘甜，无杂味，可溶性固形物含量 37.1%，制干率 54.6%。

干制红枣饱满，外形整齐、美观，果皮韧性较强，耐压，不易脱落，皱纹中细。

适应性较强，不耐涝，早实丰产性强，裂果率低。

4. 金丝 3 号

果实长椭圆形，两端较细，平均果重 8.8 g，大小整齐，果面平整。果皮较厚，富韧性，浅棕红色，有光泽。果肉致密韧脆，稍硬，汁液中等，浓甜微酸，可溶性固形物含量 39.2%，制干率 55.5%，鲜食品质上等。

干制红枣皮纹较细，富光泽，弹性强。

适应性强，结果早，产量高而稳定。花量大，花期耐低温，遇雨不裂果。

5. 金丝 4 号

果实长圆形，两端平，中部略粗，果重 10~12 g，大小整齐。果皮薄，有韧性，浅棕红色，光亮艳丽。果肉细脆致密，汁液较多，味极甜微酸，无杂味，可溶性固形物含量 40%~45%，鲜食可采期长。制干率 55%左右。

干制红枣浅棕红色，皮纹细，光亮美观，富弹性，清香甘甜，果核小，长棱形，多含种子。

树势较强，幼树针刺发达，直刺长 1.5~3 cm。花量大，花朵能适应日均温 21~22℃的偏低气温，坐果稳定，高产稳产，早丰性强。

6. 板枣

果实中等大，扁倒卵形，平均果重 11.2 g，大小较整齐。果皮紫褐色或紫黑色，有光泽，果肉致密稍脆，汁液中多，甜味浓，稍具苦味，可溶性固形物含量 41.7%，制干率 57%。落果严重，成熟期遇雨极少裂果。

干制红枣紫黑色，光洁，果形饱满，皱纹少，果肉肉质较松，少弹性，果皮硬，质地脆，耐贮运性中等。

树势较强，发枝力较强，枣股抽生枣吊能力强，平均抽生枣吊4~5个。叶片卵圆形。

花量中等，易坐果，结果早，丰产稳产。对气候适应能力较强，在保水力差的砂壤土中落花落果严重，产量低。

7. 晋枣

果实长卵形或近圆柱形，平均果重21.6 g，大小不整齐。果皮薄，深红色。果肉厚，质地致密酥脆，汁液较多，甜味浓，可溶性固形物含量30.2%~35%，制干率40%~60%。成熟期遇雨易裂果。

干制红枣肉质疏松，少弹性，不耐贮运。果核中等大。

树势强，树姿直立，分枝角度小，枝量多。枣股抽枝力强，花量多，早果，产量较高。

适应性较差，不耐旱，不耐瘠薄，要求较高的肥水管理，花期要求23℃以上的高温天气。

8. 赞皇大枣

俗称金丝大枣。果实长圆形或倒卵形，果重18~29 g，大小整齐。果皮深红褐色，光泽较差。果肉致密质细，汁液中等，味甜略酸，可溶性固形物含量30.5%，制干率47.8%，成熟期遇雨易裂果。

干制红枣和加工的蜜枣果形饱满，有弹性，耐贮运。

树姿直立半开张，发枝力较弱，单轴延长生长能力强。

花量多，花较大。花期环剥丰产，产量较高而稳定。适应性较强，耐瘠薄，耐旱。

9. 骏枣

果实大，圆柱形或长倒卵形，果重22.9~36.1 g，大小较匀。果皮薄，深红色。果肉厚，质地松脆，较粗，汁液中多，味甜，稍具苦味。制干率40%，适宜制干，制成醉枣或蜜枣。采前易落果，成熟期遇雨裂果严重，果实易受炭疽病危害。

干制红枣深红褐色，有光泽，皱纹浅粗，肉质较松，有苦味。果皮韧性差，不耐挤压，耐贮运性较差。

适应性较强，耐旱涝、盐碱，抗霜力较弱。丰产性较强，稳产性一般。

10. 灰枣

果实长倒卵形，上部稍细，略歪斜，果重 12.3~13 g，大小整齐。果皮棕红色，韧性较强。果肉较致密，较脆，汁液中多，制干率 50%左右。花量多，早果、产量高而稳定。成熟期遇雨易裂果。

干制红枣皱纹粗浅，肉松软，弹性差，不耐挤压。

树体中大，树姿开张。

适应性强，较抗风和耐盐碱，抗旱性一般。花期适温能力较强。

11. 金枣

是极耐寒、耐旱、早果、丰产的优良品种。果实圆形或长圆形，平均果重 13 g，最大果重 16 g。果皮中厚，深红色，光亮，不裂果。果肉绿白色，质松，稍脆，汁少，味甜酸。可溶性固形物含量 27%~30%，可食率 96%，制干率 57.5%。

宜干制和蜜制，品质中等。

该品种树体高大，树势开张。

（三）制干品种

果实含水量低，干物质多，制干率高，适于制成红枣、乌枣、南枣等干制品。

1. 圆铃枣

又名圆红枣、紫枣。有圆果圆铃、长果圆铃、狮头铃、酥圆铃、小圆铃等品种（系），其中圆果圆铃的栽培面积最大。

果实近圆形或平顶锥形。平均果重 12 g，大小不整齐。果面紫红色，有光泽，不平整，略有凹凸。果皮较厚，韧性强，不易裂果。果点圆形，不明显。果肉绿白色，质地紧密，较粗，汁液少，味甜，制干率 60%~65%。果核较大，多数不含种仁。

干制红枣深红色，有弹性，耐贮运。

树姿开张，发枝力强，枝条较细软，干性较弱。树干深灰褐色，枣头红棕色或棕褐色，皮孔大，黄褐色，凸起明显。抽生枣吊 3~4 个，枣吊长 14~20 cm，叶较小，卵圆形。花量中等，幼果易脱落，落果期长，产量中等，花朵坐果的日均温度低限为 22℃，采收期遇雨基本不裂果。

对土壤适应性强，较耐盐碱和瘠薄。

2. 圆铃 1 号

果实锥形或短柱形，果重 16~18 g，大小均匀，果面不很平整，果皮中厚，紫褐色。果肉硬，致密，汁液少，甜味浓，果核多含种仁，制干率 60%左右。

适于制成干枣、乌枣、南枣等产品。干制红枣个大，均匀，肉厚，饱满，富弹性。

树势中等。结果早，坐果稳定，采收前很少落果，产量较高而稳产，遇雨不裂果。适应性强。

3. 圆铃 2 号

果实短筒形，略歪斜，果重 13~14 g，大小整齐。果面较平整，果皮中厚，紫褐色，有光泽。果肉细硬致密，少汁液，制干率 60%以上。果核内有多个种仁。

适于制成干枣、乌枣、南枣等产品。

树势中等。结果早，硬核后极少落果，产量高而稳定，遇雨不裂果。适应性较强。

4. 长红枣

有大马牙、小马牙、短果长红、亚腰长红、葫芦长红、疙瘩长红等品种，其中大马牙、小马牙品质最好。

果实中大，长柱形，果顶一端略粗，侧向略扁，大小整齐。果重 7~11 g，果面平整，有光泽。果皮赭红色，富韧性。果肉松脆，汁液少，有辣味。果核长梭形，多无种子。制干率 45%左右。

干制红枣赭红色，皱纹粗浅，肉质较松，少弹性，果皮抗折压，耐贮运。

树势强，干性较强。枣股抽生枣吊3~4个。枣吊长11~20 cm。叶片窄长，披针形，深绿色，叶面光滑。

花量少，每个花序3~5朵花，枣吊总花量25~35朵，花朵坐果日均温度低限为24℃。坐果稳定，硬核后很少落果，高产稳产。耐旱，耐瘠薄。成熟期遇雨很少裂果。

5. 长木枣

又名木枣。果实中等大，长椭圆形或长卵形，平均果重15.3 g，大小较整齐。果皮赭红色，果肉乳白色，硬实致密，汁液少，制干率57%~59%。

干制红枣深红色，皱纹中等，外形饱满，质地紧密，富弹性，极耐贮运，稍具苦味。

树姿开张，干性较弱。枝条细软，易披垂。枣股圆柱形，枣吊较粗，长13~15 cm。叶片大，宽披针形。

花量多，需花期环剥，产量较高而稳定。不耐瘠薄，结果晚。

6. 灵宝大枣

又名灵宝圆枣、屯屯枣。果实扁圆形，平均果重22.3 g，大小均匀。果皮中厚，深红色。果肉致密，较硬，汁液少，制干率58%左右。

干制红枣皱纹粗浅，肉质粗松，不耐压挤和贮运。

树势强，干性强，枝粗壮，发枝力中等。枣股圆柱形，中等大。枣吊细短，长12~20 cm。叶片卵圆形，较小。

花量少，花朵坐果要求高温。坐果率中等，采前落果严重，裂果较轻。适应性强，耐旱涝、瘠薄。

7. 相枣

果实近圆形，侧面稍扁。平均果重22.9 g，大小不均匀。果皮厚，紫红色。果肉质地较硬，略粗，汁液少，没有苦辣味。制干率53%。

树势中等，树姿开张。枣头红褐色，枣股圆柱形，抽生3~4个枣吊。枣吊平均长 16 cm。叶片长卵圆形，花量少，坐果稳定，产量中等。落果轻，抗裂果。

适应性较强，较耐干旱，不耐霜冻。

8. 无核小枣

果实为扁圆柱形，中部略细，果重 3.9~10 g，大小不均匀。果皮薄，鲜红色，有光泽，富韧性。果肉乳白色，质地细腻，稍脆，汁液较少，果核退化，无种仁。制干率 53.8%。

干制红枣无苦辣杂味，贮运性能好，品质上等。

树姿开张，树势和发枝力中等，干性较强，枣股抽生枣吊 3~5 个。枣吊长 13~18 cm，叶片卵状披针形。

花量较多，坐果日均温度低限为 23℃，花期需环剥，产量较低。适应性较差，结果晚。成熟期不一致，遇雨容易裂果。

9. 婆枣

又名阜平大枣。果实长圆形或卵圆形，侧面稍扁，大小整齐。平均果重 11.5 g，果皮较薄，棕红色，韧性差，制干率 53.1%。

干制红枣质脆，少弹性，受压易折裂，味淡。

树姿直立开张。干性强，发枝力弱，枣头紫褐色。枣吊短而细，长 12~18 cm。叶片卵圆形，花量少。

花期能适应较低的空气湿度和温度，坐果稳定，高产稳产。成熟期遇雨裂果严重。结果晚，适应性强，抗旱，耐瘠薄，耐盐碱。

10. 中阳木枣

又名木枣、柳林木枣、绥德木枣、条枣、木条枣等。果实圆柱形，平均果重 14.1 g，大小均匀。果面平，果皮厚，赭红色。果点小，密布。果肉绿白色，质硬，稍粗，汁液较少，味甜，果核较小，核内种仁发育不完全。

干性中强，树姿半开张，枣头枝红褐色。枣股圆柱形，抽枝力中等，抽生枣吊 2~5 个，枣吊平均长 18.6 cm。叶片中等大，卵状披针形。

花量多，结果较早，产量中等，较抗裂果。适应性强。

11. 哈密大枣

果实椭圆形,平均果重 14.5 g,大小均匀、整齐。果皮较厚,暗红色。果肉白色。果核较小,种仁未发育。

干制红枣果大饱满,色泽红润,果肉厚。

树形直立,树姿开展。枝条强健,生长快。

结果较早,产量较高,抗裂果。抗旱,抗寒,耐瘠薄,适应性极强。

12. 同心圆枣

果实圆筒形,平均果重 19 g,最大果重 26 g。果面光滑,果点大而少。果皮较厚,深红色。果肉绿白色,肉质疏松,味道甘甜,是优良制干品种。极耐干旱。

13. 中宁圆枣

果实中大,表面光滑,圆筒形。平均果重 10.6 g,最大果重 15 g。果皮深红色,果点小,密而明显。果肉绿白色,质地细脆,酸甜适口,品质极佳。鲜食、制干品质均为上乘。

14. 中卫大枣

果实大,椭圆近圆形,平均果重 19 g,最大果重 30 g。果面光滑,皮薄,深红色,果点密而明显。果肉绿白色,肉质疏松。是加工蜜枣和制干的优良品种。

十、我国培育的新品种

我国 1980—2020 年在知网上公开发表的培育出的枣树新品种如下。

1. 鲜食品种

序号	品种名称	时间	育种方式	亲本	育种或发表单位
1	软核蜜枣	1980	资源调查		河南省安阳市林科所
2	馒头枣	1983	资源调查		河北省农林科学院
3	蜂蜜罐	1983	资源调查		江苏省南京中山植物园

续表

序号	品种名称	时间	育种方式	亲本	育种或发表单位
4	成武冬枣	1985	单株变异	冬枣	山东省成武县林业局
5	泗洪大枣	1985	单株变异	贡枣	江苏省泗洪县五里江农场
6	薛城冬枣	1991	资源调查		山东省枣庄市薛城区林业局
7	大雪枣	1994	资源调查		山东省蒙阴县科协
8	大王枣	1995	单株变异	桐柏大枣	河南省南阳大枣研究所
9	巨枣	1995	单株变异	大王枣	河南省舞钢市科协
10	沾化冬枣	1996	单株变异	冬枣	山东省沾化东枣研究所
11	洪大 1 号枣	1997	单株变异	泗洪大枣	山东省枣庄市市中区林业局
12	大瓜枣	1998	资源调查		山东省果树研究所
13	高朗 1 号	1998	单株变异	毛叶枣	广东省东莞市农业科学研究所
14	红丹脆枣	1998	单株变异	枣庄脆枣	山东省费县果业管理局
15	大白铃	1999	资源调查		山东省果树研究所
16	特大蜜枣王	1999	资源调查		山东省枣庄市邹坞园艺场
17	大梨枣	1999	单株变异	梨枣	北京林业科学院
18	早脆王	2000	资源调查		河北省沧县林业局
19	豫枣 1 号	2000	单株变异	鸡心枣	河南省中牟县林业局
20	东引 1 号	2000	单株变异	青枣	浙江省东阳市
21	泾渭鲜枣	2000	资源调查		陕西省西安市高陵县泾渭枣研究所
22	蓟州脆枣	2000	资源调查		天津市蓟县林业局
23	阳光	2001	资源调查		山东省郓城县林业局
24	高雄 2 号	2001	单株变异	高雄 1 号	台湾高雄区农改场
25	雁过红	2001	实生选种	雁来红	江苏省泗洪县五里江农场
26	七月鲜	2002	资源调查		陕西省果树研究所
27	京枣 39	2002	资源调查		北京市农林科学院
28	金玲大枣	2002	资源调查		辽宁省朝阳市经济林研究所

续表

序号	品种名称	时间	育种方式	亲本	育种或发表单位
29	辣椒枣	2002	单株变异	木枣	山西省临县石白头乡农技站
30	五星枣	2002	单株变异	木枣	山西省临县石白头乡农技站
31	蜜王大枣	2002	品种优选		台湾裕农种苗花卉有限公司
32	金梅枣	2002	单株变异	南阳冬枣	河南省南阳市大枣研究所
33	京枣 39 号	2002	资源调查		北京市农林科学院
34	露脆蜜枣	2002	单株变异	枣庄脆枣	山东省枣庄市果树科学研究所
35	伏脆蜜枣	2002	单株变异	枣庄脆枣	山东省枣庄市市中区林业局
36	雅枣	2002	单株变异	牙枣	山西省临猗县科技局
37	入口酥枣	2003	单株变异	脆枣	山东省枣庄市邹坞园艺场
38	姜闯早熟 1 号	2004	单株变异	七月脆枣	江苏省泗洪县五里江农场
39	红大 1 号枣	2004	单株变异	泗洪大枣	山东省滕州市果树开发中心
40	七月脆	2005	资源调查		山西省临猗县黄河珍稀果品开发中心
41	祁东酥脆枣	2005	单株变异	糖枣	湖南省祁东县新丰果业有限公司
42	月光	2005	资源调查		河北农业大学
43	济南脆酸枣	2006	资源调查		山东省济南市林业局
44	阎良脆枣	2006	单株变异	阎良相枣	西北农林科技大学
45	早丰脆	2006	资源调查		山东省果树研究所
46	宁梨巨枣	2006	组织培养	临猗梨枣	宁夏回族自治区银川市金百禾林牧有限公司
47	北京马牙枣优系	2007	资源调查	北京马牙枣	北京农业职业学院
48	大吕贡枣	2007	单株变异	冬枣	山东省星火科技服务基地
49	大老虎眼酸枣	2007	资源调查		北京农业职业学院
50	特早脆蜜王枣	2007	资源调查		江西省南昌县小兰葡萄良种场
51	中秋酥脆枣	2007	单株变异	祁东糖枣	中南林业科技大学

续表

序号	品种名称	时间	育种方式	亲本	育种或发表单位
52	淹城红冬枣	2007	单株变异	冬枣	江苏省常州市果之源园艺有限公司
53	冀星冬枣	2008	单株变异	冬枣	河北省沧州市林业科学研究所
54	新郑早红	2008	资源调查		河南省林业科学研究院
55	蜜罐新 1 号	2008	单株变异	蜂蜜罐	西北农林科技大学
56	苹果冬枣	2008	单株变异	冬枣	湖南农业大学
57	皖枣 1 号	2009	资源调查		安徽省农业科学院
58	李府贡枣	2009	资源调查		安徽省农业大学
59	辰光	2009	多倍体诱变	临猗梨枣	河北农业大学
60	石光	2009	单株变异	临猗梨枣	河北省农林科学院
61	中牟脆丰	2009	资源调查		河南农业大学
62	鲁枣 1 号	2009	实生选种	金丝小枣	山东省果树研究所
63	研冬 3 号	2009	单株变异	冬枣	山东省滨州冬枣研究院
64	早熟王枣	2009	资源调查		山西省临县林业局
65	鲁枣 2 号	2009	单株变异	六月鲜	山东省果树研究所
66	晨光	2009	多倍体诱变	临猗梨枣	河北农业大学
67	京枣 60	2010	资源调查		北京市农林科学院
68	鲁枣 3 号	2010	实生选种	金丝小枣	山东省果树研究所
69	沾冬 2 号	2010	单株变异	沾化冬枣	山东省沾化县冬枣研究所
70	宫枣	2010	单株变异	白枣	山西省农业科学院
71	鲁枣 6 号	2010	实生选种	金丝小枣	山东省果树研究所
72	乳脆蜜枣	2010	单株变异	枣庄脆枣	山东省枣庄市市中区林业局
73	京枣 18 号	2011	资源调查种		北京市农林科学院
74	沧冬 2 号	2011	单株变异	冬枣	河北省林业科学研究院
75	金坛酥枣	2011	单株变异	珍珠枣	江苏省金坛市经济作物研究所

续表

序号	品种名称	时间	育种方式	亲本	育种或发表单位
76	麻姑 1 号	2011	单株变异	半边红	江西省农业大学园林与艺术学院
77	鲁枣 11 号	2011	实生选种	金丝小枣	山东省果树研究所
78	沧冬 1 号	2012	单株变异	冬枣	河北省林业科学研究院
79	皖枣 3 号	2013	资源调查		安徽省农业科学院园艺研究所
80	鸡心脆枣	2013	单株变异	脆枣	北京农学院
81	灵武长枣 2 号	2013	单株变异	灵武长枣	宁夏回族自治区灵武市成园苗木花卉有限公司
82	新郑红 8 号	2013	单株变异	鸡心枣	河南省新郑市红枣科学研究院
83	玉铃铛	2015	资源调查		安徽省阜阳市农业科学院
84	串枣	2016	资源调查		山东省林业科学研究院
85	银枣 2 号	2016	单株变异	靖远小口枣	甘肃省白银市农业技术服务中心
86	红金芒冬枣	2017	实生选种	冬枣	河南省林业科学研究所
87	虹光	2017	多倍体诱变	月光	河北农业大学
88	八月脆	2017	实生选种	冬枣	河北农业大学
89	早秋红	2017	单株变异	大铃枣	山东省果树研究所
90	寒露脆	2017	单株变异	大雪枣	山西省农业科学院
91	早红蜜	2017	单株变异	太谷蜜枣	山西省农业科学院
92	夏甜	2018	实生选种	冬枣/临猗梨枣	河北农业大学
93	冰砣蜜	2018	单株变异	金丝 4 号	河北省林业调查规划设计院
94	沧冬 3 号	2019	单株变异	黄骅冬枣	河北省林业科学研究院
95	丽园珍珠 1 号	2019	实生选种	冬枣/酸枣	河北农业大学
96	新郑红 9 号	2019	单株变异	小白枣	河南省新郑市红枣科学研究院

2. 兼用品种

序号	品种名称	时间	育种方式	亲本	育种或发表单位
1	大叶无核枣	1982	资源调查		河南省安阳地区林科所
2	金丝3号	1986	资源调查		山东省果树研究所
3	金丝新4号	1990	实生选种	金丝2号	山东省果树研究所
4	金丝4号	1990	实生选种	金丝2号	山东省果树研究所
5	鲁源小枣	1995	资源调查		山东省林业厅科教处
6	无刺枣	1996	资源调查		安徽省繁昌县林业局
7	乐金1号	1997	单株变异	金丝小枣	山东省德州市林业局
8	乐金2号	1997	单株变异	金丝小枣	北京林业大学
9	乐陵无核1号	1997	单株变异	无核小枣	北京林业大学
10	金丝新1号	1998	单株变异	金丝小枣	山东省果树研究所
11	金丝丰	1998	单株变异	金丝小枣	河北省沧县金丝小枣良繁场
12	金丝蜜	1998	单株变异	金丝小枣	河北省沧县金丝小枣良繁场
13	无核红	1998	单株变异	金丝小枣	河北省沧县金丝小枣良繁场
14	中阳木枣	1998	资源调查		西北农林科技大学
15	靖远大枣	1999	单株变异	小口枣	甘肃省白银市农技中心
16	沧无1号	2001	单株变异	无核金丝小枣	河北省沧州市林业科学研究所
17	沧无3号	2001	单株变异	无核金丝小枣	河北省沧州市林业科学研究所
18	延川狗头枣	2001	单株变异	狗头枣	西北农林科技大学
19	阎良相枣	2001	单株变异	临潼迟枣	西北农林科技大学
20	赞新2号	2001	单株变异	赞皇大枣	河北省赞皇县林业旅游局
21	金丝魁王枣	2002	资源调查		山东省商河县林业局
22	骏枣1号	2003	品系优选	骏枣	山西省林业科学研究院
23	金昌1号枣	2003	单株变异	壶瓶枣	山西省农业科学院
24	哈密王枣	2003	单株变异	哈密大枣	新疆生产建设兵团第十三师
25	金丝特3号	2006	单株变异	金丝小枣	河北省沧州市农林科学院

续表

序号	品种名称	时间	育种方式	亲本	育种或发表单位
26	国光蜜枣	2006	实生选种	广西灌阳枣/沾化冬枣	重庆富森林果有限公司
27	新郑红 1 号	2007	单株变异	灰枣	河南省新郑市枣树科学研究所
28	新郑红 2 号	2008	单株变异	灰枣	河南省新郑市枣树科学研究所
29	阜帅	2009	杂交育种		河北农业大学
30	阜香	2009	杂交育种		河北农业大学
31	颖秀	2009	单株变异	婆枣	河北省行唐县林业局
32	新星	2009	实生选种	金丝小枣	河北省林业科学研究院
33	关公枣	2009	资源调查		山西省农业科学
34	佳县长枣	2009	单株变异	油枣	陕西省科学院
35	沧金 1 号	2010	单株变异	金丝小枣	河北省沧州市农林科学院
36	金丝硕星	2010	单株变异	金丝小枣	河北省沧州市农林科学院
37	鲁枣 5 号	2010	实生选种	金丝小枣	山东省果树研究所
38	鲁枣 4 号	2010	实生选种	金丝小枣	山东省果树研究所
39	鲁枣 8 号	2011	实生选种	金丝小枣	山东省果树研究所
40	鲁枣 9 号	2011	实生选种	金丝小枣	山东省果树研究所
41	鲁枣 10 号	2011	实生选种	金丝小枣	山东省果树研究所
42	长红 1 号	2011	单株变异	长红	山东省邹城市林业局
43	长红 2 号	2011	单株变异	长红	山东省邹城市林业局
44	金谷大枣	2011	单株变异	壶瓶枣	山西省农业科学院
45	灰枣新 1 号	2012	单株变异	灰枣	河南省林业科学研究院
46	鲁枣 14 号	2012	实生选种	金丝小枣	山东省果树研究所
47	鲁枣 13 号	2012	实生选种	金丝小枣	山东省果树研究所
48	乐金 4 号	2013	单株变异	金丝小枣	山东省林业科学研究院
49	银枣 1 号	2013	单株变异	靖远小口枣	甘肃省白银市农业技术服务中心

续表

序号	品种名称	时间	育种方式	亲本	育种或发表单位
50	金丝王枣	2014	单株变异	金丝小枣	辽宁省北票市林业科学研究所
51	昌 云	2015	单株变异	圆铃枣	山东省枣庄市林业局
52	曙光 5 号	2015	单株变异	金丝小枣	河北省沧州市林业局
53	曙光 6 号	2015	单株变异	金丝小枣	河北省沧州市林业局
54	曙光 7 号	2015	单株变异	金丝小枣	河北省林业科学研究院
55	曙光 8 号	2015	单株变异	金丝小枣	河北省林业科学研究院
56	蛤蟆枣 1 号	2016	单株变异	蛤蟆枣	西北农林科技大学
57	沧金红	2017	单株变异	金丝小枣	山东省沧州市农林科学院
58	紫脆红	2018	资源调查		山东省林业科学研究院
59	金红	2018	实生选种	金丝小枣	山东省林业科学研究院
60	君侯	2019	资源调查		河北省沧州市林业科学研究所
61	雨珠	2020	实生选种	大雪枣	河北省献县自然资源和规划局

3. 制干品种

序号	品种名称	时间	育种方式	亲本	育种或发表单位
1	鸣山大枣	1983	单株变异	敦煌大枣	甘肃省敦煌市林业技术推广中心
2	圆铃 1 号	2000	品系优选	圆铃	山东省果树研究所
3	佳县油枣	2001	单株变异	中阳木枣	西北农林科技大学
4	星光	2005	单株变异	骏枣	河北农业大学
5	冀抗 1 号	2008	单株变异	婆枣	河北省林业科学研究院
6	沧蜜 1 号	2008	资源调查		河北省沧州市农林科学院
7	研金 1 号	2008	单株变异	金丝小枣	山东省滨州市冬枣研究院
8	研金 2 号	2008	单株变异	金丝小枣	山东省滨州市冬枣研究院
9	新丰 1 号	2009	单株变异	灰枣	河南省新郑市红枣科学研究院
10	颖玉	2009	单株变异	婆枣	河北省行唐县林业局

续表

序号	品种名称	时间	育种方式	亲本	育种或发表单位
11	雨帅	2009	单株变异	金丝小枣	河北农业大学
12	相枣1号	2009	单株变异	相枣	山西省农业科学院
13	木枣抗裂1号	2009	单株变异	木枣	山西省农业科学院
14	晋赞大枣	2010	单株变异	赞皇大枣	山西省农业科学院
15	曙光2号	2011	单株变异	婆枣	河北省林业调查规划设计院
16	方木枣	2011	单株变异	木枣	西北农林科技大学
17	陕北长枣	2011	单株变异	木枣	西北农林科技大学
18	曙光3号	2011	单株变异	婆枣	河北省献县林业局
19	鲁枣12号	2012	实生选种	圆铃1号	山东省果树研究所
20	曙光4号	2013	单株变异	婆枣	河北省林业科学研究院
21	圆铃2号	2016	单株变异	圆铃	山东省果树研究所
22	新郑红3号	2017	资源调查		河南省新郑市红枣科学研究院
23	晋园晚红	2018	单株变异	木枣	山西农业大学园艺学院

4. 观赏品种

序号	品种名称	时间	育种方式	亲本	育种或发表单位
1	茶壶枣	1980	资源调查		山东省夏津县林业局
2	盆枣1号	1998			江苏省泗洪县五里江农场
3	盆枣2号	1999			江苏省泗洪县五里江农场
4	盆铃圆枣	2002	资源调查		辽宁省朝阳市经济林研究所
5	盆枣3号	2003			江苏省泗洪县五里江农场
6	鲁枣7号	2010	实生选种	磨盘枣	山东省果树研究所

第五章　枣树育苗技术

一、繁殖方式

(一)有性繁殖

用种子直接播种,之后生长成1棵完整植株的繁殖方式,具有速度快、抗性强、便于繁殖的特点。但是种子繁殖的新生植株多发生性状分离或变异,很难保持母株的优良特性。栽培品种果实中的种仁多败育和退化,很难采用种子繁殖。

(二)无性繁殖

主要有分株繁殖、扦插繁殖、嫁接繁殖和组织培养等方式。

1. 分株繁殖

枣树的根系易产生根蘖,最终形成新的植株。虽然果实品质好,但是繁殖系数低,不能大量繁殖。苗木根系差,缓苗时间长。

2. 嫁接

将接穗直接嫁接在砧木(酸枣)上的繁殖方式。目前,规模栽植的枣苗多为嫁接繁殖。

3. 扦插

将嫩枝或1年生枝在苗床上直接扦插的繁殖方式。由于扦插生根难,只有个别品种可以采用此方法繁殖。

4. 组织培养

采用植物组织培养技术,在无菌条件下,将茎尖插在培养基上进行繁殖的方法。此方法可以品种脱毒、品种纯化。该技术要求严格、成本高,不能广泛采用。

二、砧木

酸枣因抗性强、适应性广、嫁接亲和性高、种子易得等优点，是大多数枣树品种优良的砧木。

（一）选种

选择生长健壮、节间短、叶片大、果个大、株系基本相似的酸枣树。在秋季酸枣落叶前后采收酸枣果。枣果在堆积、清洗后取出枣核（种子），将枣核在阴凉处充分晾干。1 kg 酸枣有种子 1 500~2 000 粒。

（二）层积

为了出苗整齐，种子需要层积。

1. 时间

在 11 月上旬土壤结冰前层积。过早层积的种子易发霉；过晚则土壤结冰不利于挖层积沟。

2. 方法

层积前将酸枣种子浸泡 2~3 d，去掉浮在水面上干瘪的种子，将沉在水下的种子捞出，与河沙 1 ∶ 1 混合。

在阴凉、不积水的地方，挖深 0.6 m 的层积沟，层积的厚度为 20~40 cm，上面分 2~3 次覆盖 30~40 cm 厚的土层。

我国东部地区，在土壤结冰前进行播种，播种前将种子充分浸泡2~3 d，除去上浮的种子（无枣仁），然后可根据要求在苗圃进行播种。

我国西北地区一般在春季进行播种。

（三）整地

1. 时间

在秋季土壤结冰前进行。

2. 方法

选地势平缓，土层深厚、肥力好，有便利灌溉条件的田地。严禁选用前茬种植枣树的地块。选透气良好的砂壤土或壤土，pH 值 6~8。

整地前，每亩施腐熟有机肥 8~10 m^3、复合肥 50 kg、尿素 25 kg、硫酸亚铁 2 kg、硫酸锌 3 kg、多菌灵 1 kg，将所有肥料混匀撒入田中，深耕 25~30 cm，浇水沉实后用旋耕机旋耕 1 遍，平整土壤。

（四）播种

1. 时间

在春季 3 月、土壤解冻后即可进行。

2. 株距、行距

行距 30 cm，株距 5~6 cm，沟深 3~4 cm。每 3 行为一小畦，以便于覆膜。每畦之间的距离为 40 cm。每亩播种量为 25 kg 左右。

3. 播种

采用播种机或人工播种。

播种前将种子自层积沟中取出，用筛子将沙子筛去，将种子用清水浸泡 1 d，然后用 75%百菌清 500 倍液浸泡种子 1 h，之后即可播种。

播种完毕，进行土壤镇压。在每畦的行间铺设滴灌管，每畦铺设 2 根滴灌管。每畦覆盖宽 1 m 的地膜。喷施除草剂（扑草净）后立即覆膜。覆膜后立即浇 1 次透水。

（五）播种后管理

幼苗出土后，立即扣膜出苗以防烧苗。苗周围用松散土壤压住棚膜。扣膜在阴天或下午进行。扣膜口不能过大，否则失去覆膜的作用。

（六）苗期管理

1. 间苗

苗高 5 cm 时定苗，苗株距 5~7 cm。间苗配合除草进行。

2. 施肥

灌水时采用水肥一体化施肥。苗高>30 cm，6 月上中旬后开始施肥。

8 月之前，每月随浇水每亩施尿素 5 kg 左右。之后每月每亩施复合肥 20 kg 左右。

9 月下旬，叶面喷施 1 次 0.2%的磷酸二氢钾，以促进枝干成熟。

3. 浇水

采用滴灌的方式,20~30 d浇水1次,每次的灌水量为15~20 m³。

4. 摘心

9月上旬摘心,让苗长粗。将新梢顶部的3~5 cm摘去。

采用人工或割草机辅助摘心。

(七)病虫害防治

1. 苗期立枯病

种子出苗后,结合灌水,每亩施用1~1.5 kg哈茨木霉或1.5~2 kg福美双灌根。叶片喷施75%百菌清可湿性粉剂800倍液或20%甲基立枯磷乳油1 200倍液等。

2. 其他病虫害

每月喷施1次杀虫剂、杀菌剂,防治枣步曲、枣黏虫、黑绒鳃金龟、黄刺蛾、叶螨、早期落叶病、立枯病等。

三、接穗

(一)接穗的采集

1. 部位

选择品种纯正、树体生长正常健康、树体中上部、枝条充实饱满的1年生枣头。

2. 时间

接穗采集的时间为秋季落叶后至11月,不宜过早或过晚。

(二)接穗的处理

1. 剪接穗

接穗剪成具有单芽的茎段,接穗芽的上部留0.3~0.5 cm。

2. 蜡封

将装有石蜡的容器放在沸水内加热,使石蜡熔化。石蜡全部熔化后即可拉封。石蜡的温度保持在70~80℃。

将接穗全部放入石蜡中,3 s后立即捞出放入自来水中冷却。

蜡封速度越快越好。封蜡后接穗的蜡层以薄而透明为宜。若蜡层厚而发白,说明蜡温太低。

3. 贮藏

接穗封蜡后,要进行贮藏。温度为0~2℃。

冷库贮藏:蜡封后可按品种,每50~100枝为1捆,放入塑料袋中,袋上扎孔通气,再放入冷库中贮藏。

贮藏沟贮藏:选排水良好的背阴通风处。挖宽1.2 m、深0.8 m的贮藏沟,沟长按所贮接穗量而定。从沟的一端开始,先在沟底填入20 cm厚的河沙,将蜡封后的接穗直立于沟底,湿河沙(捏成团,指缝不流水)填充缝隙(填满)。从下向上,一层层摆放。最后分2~3次覆盖30~40 cm厚的土防寒。

(三)接穗的质量

在春季枣树嫁接前要检查接穗的质量。

1. 芽的状态

用刀片纵切冬芽,芽鲜绿色为好芽,褐色为死芽。用于嫁接的接穗,好芽率要>95%。

2. 枝条的鲜度

枝条新剪口的横断面为鲜绿色,含水量充足,说明插条贮藏得好,适于嫁接;若呈绿白色,表明枝条失水干燥,需要在嫁接前充分浸水,补充接穗的含水量。枝条表面不能有斑点、霉污点或损伤。

四、嫁接

(一)方法

1. 插皮接

插皮接又称皮下接,适于粗度较大的酸枣苗。优点是方法简便,成活率高。要求接穗比砧木细。

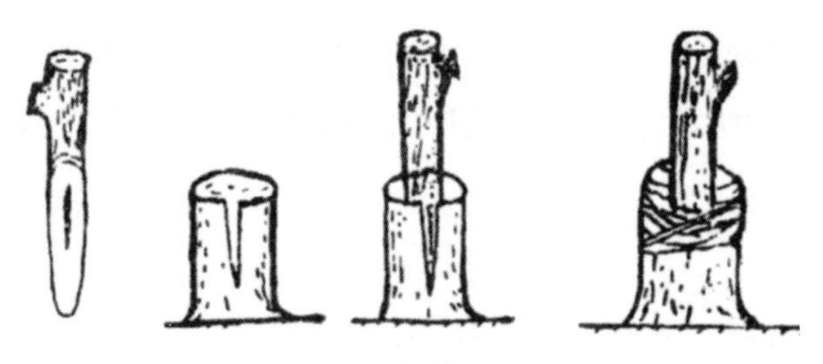

图 5-1 插皮接

① 切砧木：砧木在距地表 20 cm 处的光滑部位剪断，然后选皮层光滑顺直处纵切 1 刀，伤口长于接穗切面长度。

② 削接穗：接穗从下部一侧削成长度>3 cm 的长切面，在对面对称地切0.2 cm 左右的短切面。均要求 1 刀削成。切面以上留 1 个芽剪截。

③ 插入接穗：撬开皮层，将接穗长切面向内，短切面向外，缓缓沿伤口插入，上部伤口微露 2~3 mm。

④ 包扎伤口：用塑料条绑缚嫁接口，要求紧实、严密。

2. 劈接

劈接是苗木嫁接和高接换头最常用的方法之一。要求接穗的粗度要小于或等于砧木粗度。

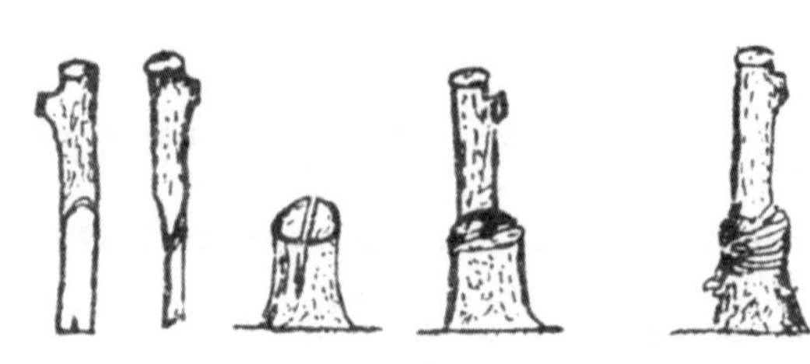

图 5-2 劈接

① 切砧木：砧木距地表 20 cm 处剪截，将断面削平，选平滑顺直的一面，从断面中间垂直劈开，劈口光滑，长度 3.5 cm 左右，且略长于接穗切面。

② 削接穗：接穗下部两侧各削 3 cm 左右等长的削面，呈斜楔形，即保持不削的两面一侧稍厚，另一侧稍薄。削面由上而下、由浅而深，平直光滑，不

毛茬,不撕皮。

③ 插入接穗:接穗厚面向外,薄面向内,插入劈口,注意砧穗二者形成层对齐,接穗上部微露 2~3 mm 伤口。

④ 包扎伤口:用塑料条绑缚嫁接口,要求紧实、严密。

3. 腹接

腹接又称腰接,主要适用于光秃部位粗 1~3 cm 的酸枣苗或枝干。

图 5-3　腹接

① 切砧木:斜切砧木嫁接部位,深达本质部的 1/3,切口长度要和接穗削面的长度相适应。

② 削接穗:将接穗下端一侧削成 3 cm 的长接面,再将另一面削成 1 cm 的短接面。

③ 插入接穗:削好的接穗留面应一边稍薄,一边稍厚。插入时,接穗长削面朝里,短削面朝外,使砧木、接穗形成层对齐。

④ 包扎伤口:用塑料条绑缚嫁接口,要求紧实、严密。嫁接育苗时,应在切口上方 5 mm 处斜向接穗方向剪去砧木,绑严接口。高接时,光秃部位不剪砧。

4. 切接

切接适用于较大粗度的酸枣苗或枝条(>4 cm)。

① 切砧木:砧木从嫁接处切断,削平。选砧木顺直处,在粗度的 1/4~1/3 处垂直切下,切口略长于接穗切面。

② 削接穗:接穗下部两侧各削成长 3 cm 左右等长的削面,呈斜契形,即保持不削的两面一侧稍厚,另一侧稍薄。削面由上而下、由浅而深,平直光

滑，不毛茬，不撕皮。

③ 插入接穗：将接穗插入切口，对齐形成层，微露白。

④ 包扎伤口：用塑料条绑缚嫁接口，要求紧实、严密。

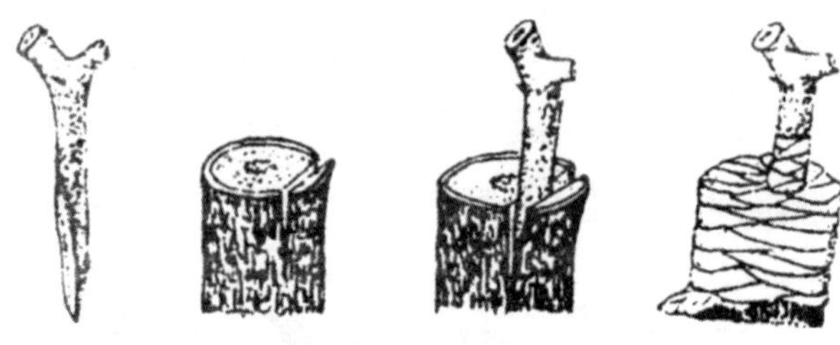

图 5-4　切接

5. 芽接

芽接又叫嵌芽接，由于是利用 1 年生或当年生枣头的芽体嫁接，所以可用于补接。

① 切砧木：在砧木皮层光滑处切 1 个“T”形接口。

② 削接穗：在芽体上方 5 mm 处横切 1 刀，深 2.3 mm。从芽下 1.5 cm 处向上斜削，使芽片长 1.5~2 cm，宽 6~8 mm，上平下尖，上部厚度 2.5 mm 左右。芽眼位于侧上方或正上方，带本质部。

③ 插入接穗：小心地嵌入芽片，使芽片上部的切口与砧木的横切口密接。

④ 包扎伤口：将接口用塑料条缠紧，使芽片紧贴砧木的本质部。

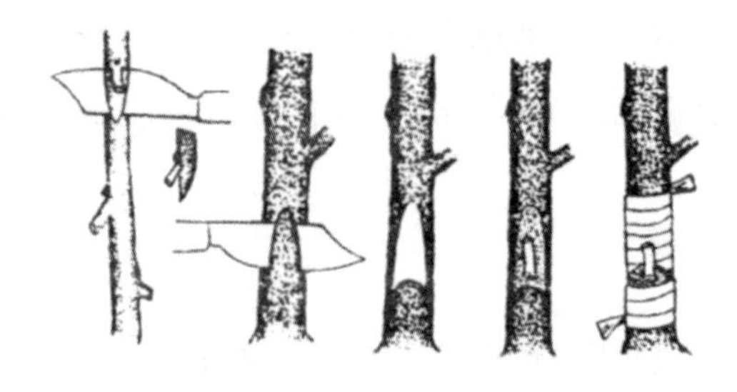

图 5-5　芽接

（二）时间

在砧木离皮后即可进行，以枣树发芽前后至新梢旺长期之间为最佳。

(三)管理

1. 肥水管理

接后 10 d,检查接穗成活情况及土壤墒情。若萌发情况良好,又不缺墒,可不浇水。

芽萌发生长至 5 cm,浇第一次水。结合浇水,每亩施尿素 5 kg,使其成活,促进芽的生长。以后每隔 20 d 左右浇 1 次水。每次浇水后,及时松土、除草。

8 月底至 9 月初停止浇水。

9 月上旬叶面喷施 0.2%的磷酸二氢钾,20 d 后再喷施 1 次。

落叶后浇 1 遍透水,防寒。

2. 除萌摘心

嫁接成活后将砧木上的萌芽全部抹掉。

9 月中旬摘心,以促进新梢加粗生长和木质化。

3. 剪砧

芽接苗在接穗的芽萌发后立即剪砧,剪口位于接芽上方 2~3 cm 处。

4. 解绑

8 月上旬松绑,用刀片割断塑料绑条,以避免影响生长或长粗。

5. 绑枝

当接穗上的芽长至 30 cm 时,及时插支架,固定接穗上的新生枣头与砧木,以防风折。

五、苗木出圃与分级

(一)挖苗

1. 时间

在秋季落叶前后进行。

2. 方法

采用人工或机械辅助挖苗。挖苗前必须浇足水,挖苗范围要大,适当深挖。注意尽量减少伤根,多保留细根。挖出的苗木应及时浅埋,以减少根系受风吹日晒及损失水分。

(二)分级

苗木挖出后,在田间集中修剪整理,只留主干,减去所有分枝。伤口要剪平,以利于愈合。过于细弱的苗木不能出圃,或第二年培育后再出圃。

1. 一级苗

苗高>1.25 m,地径粗度>1.2 cm,长度>15 cm的侧根6条以上。

2. 二级苗

苗高1.0~1.2 m,地径1.0~1.2 cm,长度>15 cm的侧根6条以上。

3. 三级苗

苗高0.8~1 m,地径0.8~1.0 cm,长度>15 cm的侧根4条以上,要求根系完好。

(三)贮藏

可沟藏,也可冷库贮藏。

挖深1 m、宽2 m的贮藏沟,将枣树苗倾斜50°~60°放在贮藏沟内,根系向下,新梢向上。用湿河沙填充缝隙。最上部枝条也要用河沙覆盖。定期检查根系的温度、湿度,既要防止苗木失水受冻,又要防止温度过高发霉,影响苗木的生活力。在土壤结冰之前进行。

第六章　枣树露天栽培技术

一、建园

(一)选址要求

① 地形开阔、光照充足。

② 土层总盐量<0.3%,氯化钠<0.1%,土壤 pH 5.5~8.2。

③ 沙壤、壤土、黏土以及沙质壤土均可,土质不得过于黏重或板结。

④ 灌溉、排水便利,地下水位较低。

⑤ 远离工矿等污染源。

(二)枣园的规划

对已确定的园地,要因地制宜、统筹安排、立足长远,做好园地规划。

进行园地规划前,全面勘测地形,绘制地形图和土壤图,制订枣园规划方案,使新建枣园符合实用、经济、高效和生态的要求。

规划方案的主要内容有栽植小区的划分、设计道路、排灌系统、建筑物、防护林、品种搭配、株行距、架式、整枝方式等。

1. 栽植小区的划分

栽植小区的大小,应根据地形、面积、管理等具体情况确定。

(1)大面积建园

面积大、集中连片时,小区面积应大些。应分成宽 50 m 左右的条田,每 2 条田之间留 1 条生产路,以便于行间作业和运输。

(2)复杂地形建园

地形复杂、面积小的枣园,划分的小区以 4~6 亩为宜。小区宜为长方形,长边与主风方向垂直。山地小区应沿水平等高走向安排。

2. 道路、建筑物

(1)道路

主干道:宽 8 m,贯穿全园,与外界公路相连。

支路:2~3 个小区之间设宽 6 m 的支道,与主干道相连。

工作道:小区之间设宽 3 m 的工作道。能通过田间管理机械即可。

(2)建筑物

枣园建筑物有办公室、宿舍、库房、选果场地等,占枣园总面积的 1%~3%。

3. 灌排系统

为了降低枣园的生产成本,现在多采用水肥一体化滴灌或渗灌等先进灌溉方式,应按这些灌溉方法的特点进行设计。

传统的采用地表灌溉的大型枣园,按干、支、斗、毛渠系统选择适宜的配套灌水渠系。总之,以省地、省水、经济为原则。

所有枣园应设计排水系统,有灌有排,才能旱涝保收。

4. 防护林带

在西北干旱半干旱地区,常年多风,建园必须先营造防护林带,以降低风速、稳定气流,保证枣树不受大风危害。防风林还有固沙、减轻霜冻、改善小气候的作用。

大型枣园,由主林带和副林带组成防护林网,主林带之间相距 200~250 m,与主风方向垂直。主林带通常由 5~8 行树组成,结合乔灌,层脊式透风结构的防护效果好。副林带之间相距 100 m 左右,由 3~4 行树组成。

防风林宜选生长快、树冠大、枝叶繁茂、能互相密接、适应当地自然条件的树种,同时自身经济价值高,与枣树无共同病虫害或相克的树种。多风干燥和冻害频繁的地区,适宜的乔木树种有二白杨、小叶杨、毛白杨、加杨、旱柳、白蜡等;灌木树种有杜梨、箕柳、柽柳、沙枣、海棠等。

（三）品种选择

1. 品种选择

品种应与当地气候、土壤等自然条件相适应。引种前应了解计划栽种品种对土壤的要求，开花结果的习性，开花坐果对温度的要求，果实生长、成熟需要的积温条件，是否具有品种内授粉结果的能力。

2. 授粉树

大多数枣树品种进行单一栽培，不需配置授粉品种，但配置授粉树可明显提高坐果率。

（四）定植

1. 定植时间

根据当地气候、土壤等条件选择定植时间，以提高苗木成活率。春秋均可栽植。

在我国长江以南气候温暖的地区，秋季落叶后至翌年春季发芽期都可栽植。华北地区，可在秋季落叶后至封冻前栽植。西北地区，大多在春季解冻后至发芽前栽植，一般在 4 月上旬、中旬。

2. 苗木准备

（1）苗木要求

品种优良、纯正，根系完好，主、侧根的长度>20 cm。

苗木栽植前用清水浸泡 1 d。剪去过长的根系及伤根，以利于生新根。栽植时随栽随取，严防根系风吹日晒，保持苗木鲜活。

（2）根系处理

栽植前用生根粉溶液（1 g 生根粉+0.5 kg 磷酸二氢钾+2 kg 黏土+20 kg 水），浸泡苗木根系 1.5~2 h。

3. 定植技术

（1）挖掘种植沟

种植沟宽 80 cm、深 1 m，挖出的土堆放在沟边。

在沟底铺设 20 cm 厚的玉米秸秆、杂树枝;或用直径 3~5 cm 的砾石铺 10 cm 厚的砾石层;或铺设直径 20 cm 的排盐管 1 根,排盐管与园区的排水沟相连,目的是排盐。

每亩准备 10~15 m^3 发酵好的牛粪或羊粪等有机肥、50 kg 过磷酸钙、10 kg 尿素、1 kg 百菌清,均匀地撒在挖出的表土上,用旋耕机将肥料和表土充分搅拌均匀后回填到种植沟内。

在西北干旱半干旱地区,种植沟浇水沉实后修成宽 60 cm、深 10 cm 的种植带。整个行内与行间呈“凹”字形,即行间呈弧形高,种植带最低,这样便于充分利用自然降水。

在东部或南方降雨量超过 500 mm 的地区,种植沟浇水沉实后修成宽 60 cm、高出地表 10 cm 的种植带。整个行内与行间呈“凸”字形,即行间呈弧形低,种植带位于波浪形最高点,这样便于充分排除过多的自然降水。

(2)栽植方法

按照计划好的株行距进行栽植。栽植时将根系舒展。栽种深度以苗木在原苗圃的深度为宜,即苗木的根颈正好与地表平行。过浅露根影响成活,过深则生长不旺。

4. 定植后的管理

(1)定干

① 直接定干:定植后及时定干,一般枣园留干 50~60 cm。矮密枣园留干 30 cm 左右,剪去所有侧枝。用油漆涂抹所有伤口。

地上树干全部套袋防止水分蒸发,等苗木发芽后自上而下逐步去袋,目的是防止树干抽干。

② 次年定干:在西北地区,由于第一年枣树苗生长弱,次年才能正常生长,为了便于整形,在栽植后第一年冬季土壤结冰前,对树干进行重短截,即在嫁接口以上 10 cm 处进行短截,剪口涂抹油漆防止水分蒸发,然后将短截后的树干全部浅埋,防止冬季抽干。

在次年春季萌发前将培土去掉，留顶部萌发，1 年即树体成形。主干形和纺锤形树形均可采用此种定干方式，整出来的树形标准、美观。

(2)覆地膜

栽植后在种植带铺设宽 1 m 的黑色地膜，以提高地温和防止杂草生长。

(3)除萌

在枣树苗萌发后，及时除去砧木上的萌芽。

(4)绑缚和摘心

由于枣树幼树新梢生长快，主干不易直立，需要在枣树旁竖立竿，将新梢绑缚在立竿上预防主干倾斜。除了顶部留 1 个新梢绑缚在立竿上，其余新梢留 20~30 cm 摘心。

(5)土肥水管理

定期浇水、施肥、除草以及进行病虫害防治。

(6)休眠期防止抽干

9 月开始控制灌水，叶面喷施 0.2%磷酸二氢钾，目的是提高枝条的成熟度，增强树体越冬能力。

(7)树干涂白

在落叶后至土壤结冰前，地表向上 60 cm 的树干全部涂白。生石灰 1.5 kg、20°石硫合剂 0.5 kg、食盐 0.5 kg、动物油 50 g、水 4.5 kg 搅拌均匀即可涂白。目的是防治越冬病虫害，防止冬季树干日灼和野生动物啃食。

二、土肥水管理

枣树虽然耐旱、耐瘠薄、耐盐碱、适应性强，但是为了实现早果、优质、丰产，必须提供良好的土肥水条件。

(一)土壤管理

加强土壤管理，目的是为根系生长活动创造良好的土壤环境，促进树体健壮生长，提高产量与品质。

1. 深翻、改良土壤

土壤贫瘠、土壤结构性不好的枣园，为了促进枣树生长，提高产量和品质，必须改良土壤，以改良土壤团粒结构，增加活土层，提高有机质含量和土壤中有益微生物的含量，促进根系发育。

（1）时间

一般在秋季枣果实采后至 10 月上旬，或者春季枣树发芽前 15~20 d 进行。西北冬季寒冷地区，一般在春季枣树发芽前进行。

（2）方法

顺着栽植行，距树干 560 cm 以外，用专用的施肥开沟机械挖宽 20~30 cm、深 40 cm 的施肥沟，将挖出的土壤集中堆成条带。

每亩准备 2~3 m^3 发酵好的有机肥、15~20 kg 复合肥、10~15 kg 尿素、1 kg 硼砂、1 kg 硫酸锌、1~2 kg 硫酸亚铁，均匀地撒在挖出的土堆条带上，用旋耕机搅拌均匀后回填到施肥沟内，然后浇水沉实。

每 2 年进行 1 次，施肥沟逐步外移。

2. 中耕除草

在灌水后及雨后进行。杂草高度>30 cm 时要使用旋耕机进行中耕。中耕深度为 10~15 cm，一般全年中耕 3~5 次。

3. 地表覆盖

目的是减少土壤水分蒸发，防止地温剧变，抑制杂草生长，降低生产成本，可采用地表覆盖的措施。用宽 1 m 的黑色园艺地布，在枣树两边各铺设 1 道，中间的缝隙用订书机订好，防止杂草长出。园艺地布覆盖的优点：渗水、透气、防治杂草生长、耐老化、使用时间长。

4. 行间生草

果园内适宜的空气湿度可以降低枣花焦花，提高枣树坐果率，促进果实发育和品质提高。因此枣树行间生草可以提高空气湿度，提高产量和品质，最重要的是便于管理，降低生产成本。枣园内不需专门生草，自然生草即可，在草高度>30 cm 时，用专用割草机刈割。

5. 保持水土

山坡地枣园要做好水土保持工作，包括整修梯田、水平沟和鱼鳞坑，疏通集水沟。

6. 轻简化枣园土壤管理

现代化的红枣种植园，为了降低生产成本，提高坐果率和果实品质，枣园必须进行树下地表覆盖和行间生草相结合的土壤管理模式。

（1）树盘

在树干两侧、距树干 30 cm 的地表各铺设 1 道滴灌带，或在地下 20 cm 处埋设渗灌管，其上每边各覆盖宽 1 m 的黑色园艺地布。在树冠下覆盖园艺地布的好处：避免园艺地布下杂草的生长；降低剪除萌蘖的频率；降低水分的蒸发；便于制干红枣的采收。

（2）行间生草

在行间自然生草，草高>30 cm 时，用专用割草机及时刈割即可。在行间禁止种植苜蓿等多年生、深根性的草。

（二）施肥

1. 追肥

距树干 40~50 cm，施肥深度为 15~20 cm。施肥后立即浇水。采用滴灌或渗灌水肥一体化技术的枣园，在浇水时进行追肥。

（1）施肥时期

第一次追肥：5 月上中旬开花前。每亩施用尿素 10~15 kg、复合肥 15~20 kg。此时结果枝开始旺盛生长，花芽分化，施肥可以促进结果枝延长和加粗生长，增加叶数，叶片增大而肥厚，花量多，花蕾大，花质高。

第二次追肥：6 月下旬至 7 月上旬幼果发育期。每亩施用尿素 10~15 kg、复合肥 20~25 kg。此时追肥可提高叶片光合作用，促进幼果和根系生长，减少果实生长前期的生理落果。

第三次追肥：8 月中下旬果实迅速膨大期。每亩施尿素 8~10 kg、硫酸钾 10~15 kg。此时施肥可提高果实糖分，促进树体营养积累，提高冬季抗性。

（2）水肥一体化施肥技术

采用滴灌或渗灌水肥一体化技术的枣园，在追肥时，将速溶性的氮磷钾肥随水一起施入田中。

表6-1 氮磷钾的使用量

物候期	亩施肥量		
	N/kg	P_2O_5/kg	K_2O/kg
萌芽期	1.78	1.65	0.91
展叶期	4.93	5.15	4.03
花期	6.13	5.74	4.65
果实膨大期	6.43	4.78	7.48
成熟期	5.72	7.73	7.95

2. 叶面喷肥

叶面喷肥可以提高肥料的利用率，显著提高叶片光合作用，提高坐果率。但是叶片喷肥的肥效期较短，因此只能作为增补施肥的方法，不能替代土壤施肥。

5 月上中旬枝叶、花蕾生长期，喷施 1 000 倍氨基酸类叶面肥+80 mg/L 壳寡糖，目的是促进营养生长、花序发育。

6 月上中旬花期和幼果期，喷施 0.2%硼砂+0.01%氯化钙+1 000 倍氨基酸类叶面肥+80 mg/L 壳寡糖+20 mg/L GA3+40 mg/L 6-BA，目的是促进坐果。

7—8 月果实生长期，喷施 1 000 倍氨基酸类叶面肥+50 mg/L 壳寡糖+0.2%磷酸二氢钾，目的是提高叶片光合作用，促进果实生长，提高果实品质。

9 月至 10 月上旬生长后期，喷施 800 倍氨基酸类叶面肥+100 mg/L 壳寡糖，目的是提高叶片含氮量，减缓叶片衰老速度，提高树体贮藏营养水平。

(三)灌水

枣树虽然耐旱,但是灌溉是保证枣树高产、稳产的栽培管理措施。土壤水分不足,则营养生长减弱,坐果率降低,不但影响枣果的产量,而且影响枣果的品质。

枣树生长结果最适宜的土壤相对含水量为65%~75%。含水量过低会造成严重落花落果、果个过小,商品价值低。

枣树是比较耐涝的果树,但也要注意及时排水,以免因长期根部供氧不足而死亡。

1. 灌水时期

(1)幼树期的灌溉和排水

幼树根系浅,分布范围小,抗旱、耐涝性较差。遇旱,根系生长受阻,树体发育缓慢。因此在正常条件下,土壤相对含水量低于40%时必须灌水。9月下旬之后应控制灌水量。

枣树不耐水涝。受涝15~20 d,小树逐渐死亡;受涝30~40 d,结果树几乎全部涝死。因此,雨季来临后,应及时排水,以确保树体不受涝害。

(2)盛果树的灌溉和排水

发芽期:需要充足的水分供给。发芽后枣树结果枝很快进入旺盛生长期,在随后的3~4周中,全树形成80%左右的叶片,此时北方地区多处于春旱季节,应通过灌溉、覆膜保墒等措施,维持土壤适宜的含水量。

花期:需要70%~80%的相对土壤含水量。5月下旬至7月中旬是枣树花期,此时枣树叶面积达到全树全年叶面积的90%以上。同时进入夏天,北方枣区一般高温、炎热、蒸发量大,土壤适宜的含水量可以保证坐果稳定。同时应保证此时期空气湿度在60%以上,以保证坐果率。

果实发育期:土壤相对含水量一般保持在60%~70%。此时期是枣果迅速膨大的时期,必须保证土壤充足的含水量,干旱时需及时补充土壤水分。8月北方地区天气炎热,常会发生短期干旱,为防止果实发育膨大裂果,需注意灌溉防旱，保持此时土壤水分稳定。此时期枣树遇旱就会发生日烧，是着色期裂果的主要原因。

采果后土壤封冻前：及时灌水。此时灌水可以提高树体的营养积累，增强枣树的越冬抗寒能力。

2. 灌溉方法

（1）灌溉量

最适宜的灌溉量是，应在 1 次灌溉中，使枣树根系分布范围内的土壤湿度达到最有利于植株生长发育的程度。

枣树在不同生长期需要适宜的土壤含水量，一般为田间持水量的 60%~85%。各次灌溉量可根据下述公式计算：

灌溉量=灌溉面积×土壤容重×土壤浸湿深度×（田间持水量−持水量）

例如，某种土壤的田间含水量为 23%，土壤容重为 1.25，灌溉前根系分布层的土壤含水量为 15%，则灌溉量=10×666.67×1.0×1.25×（0.23−0.15）。

（2）灌溉方法

有漫灌、沟灌、穴灌、部分灌溉、滴灌、喷灌、渗灌。

① 漫灌：枣园内全部大水灌溉。此法既浪费水又易造成土壤板结，导致通气不畅，根系生长不良。

② 沟灌：在枣树两侧、距树干 30 cm 处顺行间开沟，深 20~25 cm，宽 30~40 cm，与配水渠垂直。此法较大水漫灌，水分蒸发量和流失量较小，经济用水，可防止土壤板结。

③ 穴灌：在主干周围挖穴，将水灌入其中，以灌满为度。穴的数量根据树龄大小而定，一般为 4~8 个，直径 30 cm 左右，深 30~40 cm，穴深以不伤粗根为宜，灌水后将土还原。此法经济用水，可浸湿根系范围的土壤较多且均匀，不会引起土壤板结。在水源缺乏的山地、坡地和庭院，宜用此法。

④ 部分灌溉：隔沟或者隔行灌溉。

⑤ 滴灌：完整的枣园滴灌系统由水源工程和滴灌系统组成。水源工程包

括小水库、池塘、抽水站、蓄水池、深水井等。滴灌系统是把灌溉水从水源输送到根部的全部设备，包括电源、抽水设备、肥料注入器、过滤器、流量调节阀、调压阀、水表、滴头及管道系统等。

管道系统：由干管、支管和毛管组成。

干管：直径有 65 cm、80 cm、100 cm。

支管：直径有 20 cm、25 cm、32 cm、40 cm、50 cm。

毛管：直径有 10 cm、12 cm、15 cm 等。毛管顺行沿树干铺设，长度控制在 50~80 m。

微管滴头：内径有 0.95 mm、1.2 mm、1.5 mm 等。

灌水量：一般每隔 10~15 d 灌溉 1 次，每次灌水量 20~30 m^3。

滴灌的优点：节约用水，滴灌仅湿润植株根部附近的土层和表土，大大减少水分蒸发。提高产量，滴灌能经常为根域土壤供水，使根系处于良好的需水状态。由于植株根系发育良好，新梢生长健壮，结合施肥，可发挥更大的作用，有效降低裂果率。适应地域广，适于平原、山区、沙漠、盐碱地。滴灌时，水分不向深层渗漏，因而土壤底层的盐分或含盐的地下水不会上升而积累至地表，所以不会产生次生盐碱化。

滴灌的缺点：管道和滴头容易堵塞，要求良好的过滤设备；滴灌不能调节小气候，不适用于冰冻时期。

⑥ 喷灌：把灌溉水喷到空中，成为细小水滴再落到地面，如同阵雨的灌溉方法。

喷灌的优点：基本上不产生深层渗漏和地表径流；对土壤结构的破坏少，可保持土壤的疏松状态；调节枣园微气候，降低晚霜低温、夏季高温、干风对枣花和枣果的危害，适应各种地形和枣园。

喷灌的缺点：加重真菌病害；在有风的情况下，会增加水量损失。

⑦ 渗灌：把灌溉水从水源直接输送到土壤中根部的灌溉方式。水源工程与滴管系统基本相同，包括小水库、池塘、抽水站、蓄水池等。渗灌系统包括

抽水装置、肥料注入器、过滤器、流量调节阀、调压阀、水表、滴头及管道系统等。

管道系统:由干管、支管和渗管组成。

干管:直径有 65 mm、80 mm、100 mm。

支管:直径有 20 mm、25 mm、32 mm、40 mm、50 mm。

渗管:直径有 10 mm、12 mm、15 mm 等。

渗灌顺行沿树干铺设,长度 30~50 m,深度为地表下 20~25 cm,距树干 30 cm。

渗灌的优点:省水,管理方便,可提高果实产量和品质,增加经济收益。

3. 枣园的排水

(1)水涝的危害

① 抑制根系的呼吸作用,严重时,使根系生长衰弱甚至死亡。

② 土壤通气不良,妨碍土中微生物,特别是好气细菌的活动,从而降低土壤肥力。

③ 土壤中产生一氧化碳、甲烷或硫化氢等还原性物质,严重影响枣树地下部和地上部的生长发育。

(2)排水时间

超过土壤最大持水量时必须进行排水。雨季是排水的主要季节。

(3)排水系统

分为明沟与暗管 2 种。明沟除涝。暗管排除土壤积水,并排调节地下水位。

明沟:由总排水沟、干沟和支沟组成,具有降低地下水位的作用。投资较小,但占地大,易倒塌和滋生杂草,使排水不畅,养护、维修困难。

暗管:在枣园地下安装管道,土壤中多余的水分由管道排除。暗管排水系统由干管、支管和排水管组成。优点是不占地,不影响机耕,排水排盐效果好,养护负担轻,适于机械化施工。缺点是管道易被泥沙堵塞,植物根系也易伸入管内阻流,成本高、投资大。

（4）山地枣园排水

用明沟排水，排水系统按自然水路网的趋势，由集中的等高沟和总排水沟组成。排水沟的比降一般为 0.3%~0.5%。

在梯田形的枣园中，排水沟应修在梯田的内沿，比降与梯田一致。总排水沟应设在集水线上，方向应与等高线呈正交或斜交。

三、整形修剪

（一）整形修剪的意义和原则

1. 整形修剪的意义

① 依据枣树的生长发育规律、开花坐果特点，维持树体健壮生长。

② 充分利用枣园内土地、光照和空间资源。

③ 培养合理的树体形状、枝系构成。

④ 调节树体各部分生长与结果的平衡，减少营养消耗。

⑤ 使枣树早结果、早丰产，保持长期优质、丰产、高效。

2. 整形修剪的原则

（1）培养结果枝组

夏季，对枣头摘心，促进该枣头留下的二次枝发育，形成强壮的结果枝组。

冬剪时，短截回缩 1~2 年生枣头，促使枣头进一步生长，培养成中型或大型结果枝组。

（2）幼树整形

包括插立支架、定干、摘心打头、抹芽、疏枝、短裁、拉枝或撑枝等。培养树形，达到长树结果的目的。此时期，整形修剪要遵循"轻剪多留，逐渐成形"的原则，操作要因地、因树制宜，从实际出发，灵活进行。

（3）结果期整形

调节营养生长和生殖生长的关系。维持树势修剪。注意结果枝组的培养和更新，以延长盛果期年限。

(4)结果更新期

更新结果枝组,回缩骨干枝,衰老枝重回缩,促发新枣头,恢复树势。

(5)衰老期

对衰老部位进行树冠更新、树干更新、根系更新。

3. 修剪方法

枣树修剪应当以夏剪为主,冬春剪为辅。

(1)夏季修剪

6—7 月枣树抽枝开花时进行修剪,目的是调节生长和结果的矛盾,抑制营养生长,改善树体光照,培养健壮结果枝组,以促进生殖生长,提高坐果率。

① 摘心:在生长季节摘除枣头顶端嫩梢的一部分,使枝条进一步充实,同时促使二次枝生长,加快枝组形成,提高分枝级数,促进花芽形成,提高坐果率。

6 月底摘心,枣头留 2~6 个二次枝进行摘心。

枣头基部第一、第二个二次枝,留 6~9 节摘心。

枣头中部第二、第三个二次枝,留 4~7 节摘心

枣头顶部第二、第三个二次枝,留 3~5 节摘心。

枣吊,留 15~20 cm 摘心。

木质化枣吊,留 30~40 cm 摘心。

② 抹芽:枣树萌芽后及时去掉无用的新芽,减小树体养分消耗,以便于管理。抹芽时要依据“留壮芽,抹弱芽,抹里芽,留外芽”原则。

③ 拉枝:用铁丝和绳子,在 6—7 月摘心后将直立枝条拉成水平状态,目的是抑制顶端生长,促进花芽分化,提早开花。

④ 刻芽:为培养主、侧枝,在需要抽生主、侧枝的主芽上方 1 cm 处横刻 1 刀,深达木质部,刺激该主芽萌发。

⑤ 环剥:枣树开花初期,用专用环剥刀,在枣头的基部进行环剥,宽度为枣头直径的 1/10 左右。环剥后,用塑料薄膜包裹以促进伤口愈合。

⑥ 促生木质化枣吊：冬剪时重剪，不留二次枝，延长头留基部 2~3 节重截。次年夏季枣头有 5~6 节时，于 4~5 节处摘心，留 3~5 个二次枝。待二次枝长到 5~7 节时，留 3~5 节摘心，这样可生长出强壮的木质化枣吊。

（2）冬剪

冬季不寒冷的地区，一般在 12 月至次年 1 月进行修剪。西北等冬季最低温度低于−18℃的区域，一般在 3 月中下旬进行修剪。

① 疏枝：目的是通风透光，控制生长枝，促进结果。

将交叉枝、重叠枝、过密枝、病虫枝、枯死枝等从基部疏除。疏枝要剪口平滑，不留残桩，以利于愈合。对较大的剪锯口，要涂抹石蜡或油漆，防止龟裂和失水，以促进愈合。

② 短截：剪去 1 年生枣头的 1/3 或二次枝的一部分。

一剪子堵：只将枣头一次枝短截，不动剪口下的二次枝，这样一般主芽不萌发枣头。

两剪子出：在对枣头一次枝短截的同时，将剪口下的第一个二次枝从基部或留 1~2 个枣股后短截，剪口下主芽或二次枝枣股主芽当年会萌生长成枣头，以培养新骨干枝或结果枝组，增加枝量，扩大树冠。

③ 回缩：在多年生枝条的适宜部位进行回缩。回缩后留下的枝条生长强壮，角度适宜。目的是调节生长势和生长方向，促进老树更新复壮，调节层间距，以利于通风透光。

④ 缓放：对骨干枝的延长枝进行缓放不做修剪，使枣头顶端主芽继续萌发生长，以扩大树冠。

（二）丰产树形

根据枣树喜光性强的特点，目前生产中多采用以下树形。

1. 小冠疏层形

（1）特点

冠形小、紧凑，树形透光性好，4~5 年完成整形，便于管理和手摘采收，适用于早实丰产性强的枣品种。该树形多用于株行距 2 m×4 m 或 3 m×4 m 的密植栽培。

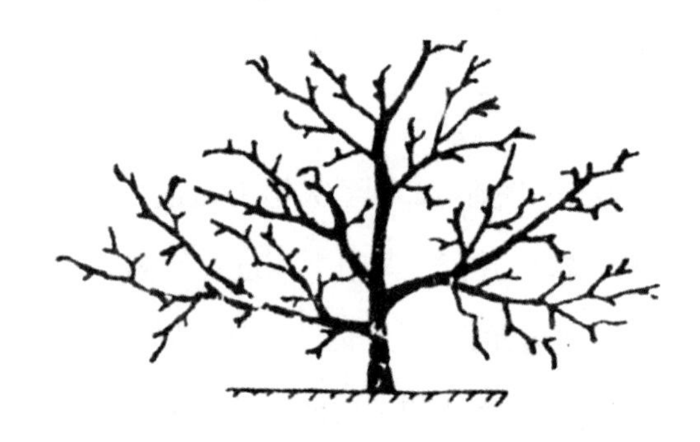

图 6-1　小冠疏层形

(2)技术参数

干高 50~60 cm,树高 2.5~3.5 m,主枝分 2 层。

第一层 2~4 个主枝，长 1.2~1.5 m,展角 70°左右,每个主枝培养 1~2 个侧枝。

第二层 2~3 个主枝,长 1~1.2 m,与下层主枝间距 80~100 cm,展角 45°~60°,不留侧枝。

第二层以上保留中干,长 1~1.2 m。

主、侧枝和中干上培养结果枝组,同侧间距 40~60 cm,每个枝组长 30~80 cm,参差排列。

2. 主干疏层形

(1)特点

容易培养,树干强壮稳定,层性明显,透光性好,层次排列紧凑,枝多而不乱,能充分发挥枣树的生产能力,产量高,适于株行距大的一般枣园。

(2)技术参数

树高 5~6 m,干高 1~1.4 m,有 3 层主枝。

第一层 3~4 个主枝,展角 70°~80°,每个主枝培养 2~3 个侧枝,侧枝间距 60~70 cm。

第二层2~3个主枝，与第一层间距1.2~1.5 m，展角60°~70°，每个主枝培养1~2个侧枝。

第三层2个主枝，与第二层间距1~1.2 m，展角50°~60°。

第三层以上留中干，也可去除开心。

结果枝组同侧间距50~60 cm，长60~150 cm。

3. 开心形

(1)特点

树冠中心不留主干。树冠结构紧凑，透光性好，适用于树冠中等大、发枝力较强的品种。

(2)技术参数

树高5 m左右，干高1~1.4 m。3~4个主枝，开张角50°~60°。

每一主枝的侧外方配置1~2个侧枝，结果枝组均匀分布在主、侧枝的各个部位。

图6-2　开心形

4. 双层开心形

(1)特点

适用于树体大、树势较强的品种和土壤肥沃的地块。

(2)技术参数

树高5 m左右，干高1~1.4 m。

第一层主枝3~4个，开张角50°~60°，每一主枝着生1~2个侧枝。

第二层主枝 2~4 个，开张角 45°，距第一层主枝 0.5~0.8 m。

每一主枝着生侧枝 1 个，结果枝组均匀分布在主、侧枝的各个部位。

5. 自由纺锤形

(1)特点

中心干强壮、直立，主枝在其上均匀分布，上小下大，外观呈纺锤形。易整形，管理方便，更新容易。

(2)技术参数

树高 3.0 m，干高 60 cm，冠幅 2.2~3.0 m，主干上均匀、错落着生 10~12 个主枝。

主枝间距 10~20 cm，基部 4 个主枝可以临近着生。

下部主枝长 1.7~1.9 m，中上部主枝长 1.5~1.7 m。

主枝水平生长，基角 50°~90°，腰角 90°，梢角 70°~80°。

图 6-3　自由纺锤形

(三)自由纺锤形树形整形

1. 定植当年整形修剪

定植后定干高度 60 cm，疏除所有分枝。萌芽后及时抹芽定枝。

主干顶部培养新枣头 3~4 个，抹除并生枝。当年新生枣头不摘心、不拉枝、不拿枝。

2. 第二年整形修剪

(1)春季修剪

萌芽前，在中干上留 1 个直立健壮的枣头，培养成中心干，进行轻短截(堵截)。

若中心干枣头生长较弱，粗度小于 1 cm，进行重短截，继续延长生长。下部侧生枝枣头粗度大于 0.5 cm 的，留 5 cm 短截。枣头粗度小于 0.5 cm 的，留 1 cm 进行极重短截，并在芽上方 1 cm 处刻芽。

当年培养主枝 4 个。主枝不足 4 个时，下年继续培养。

(2)夏季修剪

抹除中干上 1 年生二次枝萌发的枣头。

在主干下部距地面 60 cm 处，选留间距 5~10 cm、方位角 90°的新枣头 4 个，其余抹除。对预留的新枣头不摘心、不拿枝。

3. 第三年整形修剪

(1)春季修剪

萌芽前，上一年培养出的第一轮主枝全部拉成水平状。

对长度达到 1.7 m 以上、二次枝数量达到 15~20 个的主枝，破头封顶(摘除顶芽)；长度小于 1.7 m 的主枝，采用缓放修剪，自然延伸长度。

疏除中干顶端第一个二次枝，其余二次枝缓放不动，暂不培养新主枝。

(2)夏季修剪

抹除第一轮主枝及中干二次枝上萌发的新枣头。

4. 第四年整形修剪

(1)春季修剪

萌芽前，第一轮缓放修剪主枝破头封顶。

从距第一轮主枝 20 cm 处开始，间隔 10~20 cm 留 1 节螺旋上升短截。主干中部 3 年生的二次枝达 5 个，培养第二轮主枝。

树体高度达到 3 m 以上的中干延长头轻短截(堵截)，对其余 1 年生二次枝进行缓放。

(2)夏季修剪

对预培养的第二轮主枝抹芽定枝,留壮去弱,当年不拉枝、不拿枝、不摘心,自由生长。

抹除第一轮主枝及中干上缓放的二次枝上新萌发的枣头。

5. 第五年整形修剪

(1)春季修剪

萌芽前,缓放第一轮主枝,将第二轮主枝拉成水平状。

对长度达到 1.5 m 以上的主枝破头封顶,对长度小于 1.5 m 的主枝缓放修剪。

树高控制在 3.0 m,选取 3 个螺旋上升排列的健壮二次枝,留 1 个枣股重短截,促发枣头,培养第三轮主枝。

疏除中干中部第二轮主枝间直接着生的所有二次枝。

(2)夏季修剪

对预培养的第三轮主枝抹芽定枝,留壮去弱,当年不拉枝、不拿枝、不摘心,自由生长。

抹除第一轮、第二轮主枝及中干上缓放的二次枝上新萌发的枣头。

6. 第六年整形修剪

(1)春季修剪

萌芽前,第一轮主枝继续缓放。

对达到 1.5 m 长的第二轮主枝进行破头封顶。将培养出的第三轮主枝及主头拉成水平状,完成落头,固定树高。

对长度达到 1.5 m 以上的破头封顶。长度小于 1.5 m 的缓放自然延长。

疏除中干上部第三轮主枝间直接着生的所有二次枝, 形成自由纺锤形的标准树形。

(2)夏季修剪

抹除第一轮、第二轮、第三轮所有主枝及中干上萌发的新枣头。

7. 第七年及之后的整形修剪

通过抹芽、拉枝等方法维持丰产树形。

对老化、衰弱主枝逐年轮流更新,每年更新主枝 1~2 个。

休眠期,在预备更新的主枝基部 10 cm 处刻芽,促使其萌发新枣头,培养成新主枝。次年将新主枝拉成水平状,原有衰老主枝锯除,或暂留 1 年待新主枝恢复产量后锯除。

四、花果管理

枣树花量大,在较好的栽培管理条件下,花朵坐果率低于 2%,即已达到树体高产的限度。由于多种原因,我国多数枣园的坐果率达不到这一水平,因此枣树的结果数量远低于这一标准,常处于低产状态。因此,提高枣花坐果率是枣树高产稳产的重要工作。

(一)枣花坐果的条件

1. 良好的树体营养状况

营养是枣花坐果的基础。树势生长健壮,贮藏养分充足,有利于花芽的分化和坐果。

2. 授粉受精

授粉后产生内源激素,刺激子房生长发育,提高坐果率。

3. 良好的气候条件

适宜的温度、空气湿度,充足的光照,适宜的土壤水分和矿质营养等环境条件都可以提高坐果率。

4. 适宜的管理技术措施

进行花前摘心、短截、环剥、喷施微肥等技术措施,调节树体的营养分配、运转,增加肥水、营养供应,提高花果所必需的营养供给水平,满足开花坐果、幼果生长所需的各种养分，以降低落花落果。

（二）提高坐果率的措施

1. 发育枝摘心、短截

（1）目的

抑制花期和锥形果期枝叶、根系等营养器官的生长，减少有机养分消耗。

调节树体的营养分配、运转，提高花、果的供养水平，提供开花坐果、幼果生长必需的有机养分。

（2）次数

① 稀植栽培：每年只进行 1 次摘心。

② 密植和超密栽培：全年需要分 2~3 次进行。

第一次，花前摘除发育枝和其下部 2 个基枝的嫩梢。

第二次，5~7 d 摘除发育枝中上部基枝和开始开花的结果枝嫩梢。

第三次，10~15 d 对尚未摘心的少数结果枝全部摘心，严格控制所有枝系的营养生长，以促进坐果。

（3）短截

对不作为骨干枝延长枝和大枝组延长枝的发育枝，按照所在部位空间的大小，留 2~4 条基枝进行摘心或短截。

2. 环状剥皮

树干环状剥皮，也称“开甲”“枷树”，即在盛花初期或花后落果高峰前环剥树干或枝干，暂时切断韧皮部，阻止光合作用产生的有机养分向根部输送。目的是调节树体营养向花和果实的分配、运转，提高有机营养向花、果供应。这对提高金丝小枣、冬枣、圆铃枣、灰枣等品种的坐果率十分明显，也是实现这些品种幼树早期丰产和大树稳产的有效措施之一。

（1）环剥时间

① 盛花初期：在全树大部分结果枝已开花 4~6 朵，正值大部分花序的 1 级花（每个花序的第一朵花，即花质量最好的头蓬花）盛开之际，对花朵不易

发育成锥形幼果且落花重的品种，环剥促使头蓬花坐果。

在气温能满足所栽品种花朵坐果要求的前提下，环剥时间尽可能在盛花初期，以获得个大质优的产品。如果盛花初期的气温较低，达不到所栽品种花朵坐果要求的温度，则环剥时间推迟到温度升高后，以稳定产量。

② 盛花期末、幼果落果高峰：适用于容易坐果，易形成大量锥形果，但锥形果落果严重，导致坐果不稳定的品种。

环剥时间以落果前 3~4 d 为宜，减轻落果，提高产量。

③ 幼树：幼龄枣树开始环剥的时间不宜过早，以树高达到 3 m 以上，冠径 2 m 以上，干径 5 cm 以上，全树 2 年生以上的结果母枝数量达到 300 个以上时，再开始环剥。幼树环剥过早，树体太小，影响树体生长发育，而且产量低，果实质量也差。

(2)环剥部位

枣树环剥都在主干上进行。原因是环剥主干 1 处，效应遍及全树各个部位；主干径粗，韧皮厚，操作方便，而且伤口容易愈合。

幼树环剥从距地面 25 cm 左右处开始，以后每年上移 3~5 cm，直到接近第一主枝时，再从下往上重复进行。

(3)环剥方法

① 刮树皮：环剥时，先用枷树钩子或刮刀等工具，刮去环剥部位坚硬的老树皮，露出粉白色韧皮组织。

② 环剥：用锋利的环剥刀尖，按照环剥宽度切割 2 周，取下切断的韧皮组织。要求切口平整光滑，不伤木质部，伤口两端的韧皮组织仍紧贴在木质部上，不翘起或漏缝，防止因切伤木质部而影响愈合。切口上缘要平滑，下缘向外稍坡斜，防止积聚雨水，以利于愈合。

③ 保护环剥口：环剥后 1 周，伤口连续喷涂 2 次久效磷或 100 倍 25%灭幼脲 3 号稀释液，每次间隔 10 d 左右。若伤口逾期没有完全愈合，应用洁净的塑料薄膜将环剥口包裹保湿，以促进愈合。

(4)环剥宽度

环剥宽度以环剥后25~40 d环剥口能完全愈合为宜,一般为被剥处主干直径的1/5~1/10。具体应根据树龄、树势灵活处理。环剥口不宜过窄或过宽。过窄则愈合过早,幼果尚未进入硬核期,仍会发生严重落果。过宽则愈合过迟或不能完全愈合,削弱树势,造成树体衰弱,果小质劣,甚至致使叶片早落、死树。

树势中等的成龄树环剥宽度为5~7 mm。偏强的树环剥宽度为7~8 mm。幼龄树和树势偏弱的成龄树环剥宽度为3~4 mm。

3. 喷施赤霉素

(1)作用

① 刺激子房生长发育,形成幼果。赤霉素可以刺激子房发育,代替授粉受精过程。

② 使枣品种花朵坐果适应的温度低限下降2℃左右,对温度的适应性提高,促使枣花更加稳定地坐果。

(2)使用时间

赤霉素在盛花初期使用效果最好。一般在全树多数枣吊上开花5~8朵时,喷布1次,便能使坐果量达到丰产要求。

喷后5~6 d,若遇到降温天气,需补喷第二次。

(3)使用浓度

生产中,喷布浓度为10~20 mg/L效果较好。

(4)使用方法

赤霉素不能直接溶解于水,使用前,先用少量的70%医用酒精将赤霉素溶解,再配成所需要喷施的浓度。要根据产品的赤霉素含量进行配制。

4. 花期浇水和喷水

枣树在花期时对土壤水分十分敏感。我国北方枣树花期正值炎热的旱季,遇到旱情,会发生卷叶、焦花、焦蕾等现象,严重影响坐果。若花期土壤干旱，即使进行环剥，喷施赤霉素，也不能稳定坐果率。

（1）目的

枣花粉发芽需要高湿的环境条件，空气相对湿度为70%~100%。干燥天气，空气湿度低，花粉发芽率大大降低。因此喷水能提高空气湿度，降低空气干燥对枣花粉发芽的抑制作用。

由于枣花粉在适宜的条件下30 min左右才能发芽，因而喷水提高湿度的时间必须维持30 min以上，方能有良好效果。

（2）时间

在傍晚或清晨气温较低、空气湿度较高时进行，喷布的水分能使树冠维持较长时间的高湿状态。

5. 叶面喷肥

花期叶面喷施0.3%的尿素（氨基酸叶面肥）、0.1%~0.3%硼砂、硫酸亚铁、硫酸锌、高锰酸钾、300~500 mg/L稀土元素等，都有提高坐果率的效果。

叶面喷肥后可以为花期及时、快速地补充营养，促进坐果。

6. 枣园放蜂

很多品种对授粉品种虽然没有严格要求，甚至品种内授粉也能良好坐果，但在花期放蜂，增加授粉媒介，可以提高坐果率。

蜂箱均匀分布在枣园或枣行中间，间距300~1 000 m为宜。

（三）疏花疏果及合理负载

枣树花量非常大，应科学确定合理的负载量，及时疏花硫果。

每枣吊留果标准：强壮树2~3个果；中庸树1~2个果；弱树0.5~1个果。

（四）果实管理技术

1. 采前落果

枣果开始着色以后，常发生未熟先落的落果现象，称为采前落果。

（1）喷布萘乙酸

① 原理：萘乙酸可延缓果柄离层细胞解体的时间，使果实达到正常的成

熟度再采收。喷萘乙酸后对果实品质无不良影响,且有提高果实品质的作用。

② 时间和浓度:白熟后期至果实成熟前 10~15 d,各喷 1 次 50 mg/L 的萘乙酸或萘乙酸钠溶液。要求果面、果柄全面着药。

③ 配制方法:萘乙酸不能直接溶于水,使用前应先用少量酒精或用开水加碱将萘乙酸完全溶解,然后加清水溶解后使用。

例如,称量 5 g 萘乙酸,缓慢倒入 50 mL 70%的医用酒精中,边加萘乙酸边搅拌,使其完全溶解,然后再将萘乙酸的酒精溶液缓慢倒入 100 kg 的清水中,也是边加边搅拌,最后得到 50 mg/L 的萘乙酸水溶液。

配制好的萘乙酸水溶液不稳定,必须现配现用,不能长时间放置。萘乙酸和萘乙酸钠可与中性农药、尿素混合使用,但不能与碱性农药、波尔多液等混用。

(2)氯化苯氧乙酸

防落素(氯化苯氧乙酸)对防止采前落果也有很好的效果。适宜浓度为 10~20 mg/L,喷布时间同萘乙酸。

2. 防止裂果

多数品种的枣在成熟期遇雨会发生裂果,裂果造成 10%~30%的损失。

(1)时间

果实开始着色变红到完全变红的脆熟期均会发生。若雨季结束早、8 月中旬到 9 月上旬有旱情的年份,裂果尤为严重。

(2)因素

易裂果的:中熟品种、初花期坐果的果实。

不易裂果的:早熟品种、中熟品种、开花后期坐果的果实、晚熟品种。

(3)措施

① 选抗裂果的优良品种,这是解决裂果的根本措施。

② 8 月上旬至 9 月上旬保持土壤含水量稳定在 70%~80%。

③ 可通过覆膜、覆草或覆盖秸秆等方法减少土壤的水分蒸发,并及时排

水防涝，使土壤含水量保持稳定。

④ 从 7 月下旬开始，每隔 15 d 喷 1 次 0.01%氯化钙水溶液，直到采收。

⑤ 容易裂果的品种可在白熟期及时采收、加工，以避免裂果造成损失。

五、采收与包装

（一）影响采收期的因素

1. 成熟度

枣果成熟期按果皮颜色、肉质变化情况，可划分为白熟期、脆熟期和完熟期 3 个阶段。

（1）白熟期

枣果成熟的初期，果皮由绿色褪成绿白或乳白色，皮薄而柔软，果实体积不再增长，果肉比较松软，汁少，糖分和有机酸含量低，可溶性固形物含量 10%~18%，果胶较多，维生素 C 含量丰富，鲜食风味淡。

少数优良鲜食品种，如六月鲜、脆枣、冬枣等糖分积累早，此期可溶性固形物含量可达 23%~25%，果肉已变松脆，鲜食已具脆甜可口的风味，可提前采收鲜食。

白熟期是加工蜜枣原料的最适宜采收期。

（2）脆熟期

枣果成熟的中期，果皮开始着色转红到果皮全红，果肉糖分迅速增高，多数品种可溶性固形物含量 30%~36%，维生素 C 含量稍有下降，果肉汁液和有机酸渐增，果胶含量较高。果肉呈绿白或乳白色，细脆，鲜食脆甜，最为可口。

此时期是鲜食品种的最佳采收时期。此期也是鉴评品种鲜果品质的标准时期。

（3）完熟期

枣果成熟的终期，此时期也称为糖心期。果柄连结果实的一端褪绿转黄，逐渐失水干枯，果皮颜色加深成深红或紫褐色，果肉由绿色变成乳白色，近核处略现黄褐色，含水量下降，质地开始变软，糖分等干物质积累，维生素C含量继续降低。

此期枣果的糖含量达到最高，是晒制干枣的最佳采收期。此时采收晒制干枣，不仅干枣含糖分高而且制干率高，成品果形饱满，皮色红艳光亮，而且品质优、质量高。

2. 加工

枣果的采收时期因品种和用途的不同而有很大差异。

（1）加工蜜枣

以白熟期为采收适期，加工出的成品黄橙晶亮，呈琥珀半透明状，食之别具风味。

南枣、乌枣、醉枣、玉枣等加工品原料的采收适期在果皮刚全部变红的脆熟期，特征是果柄绿色，果皮全部着色变红，果实糖、酸等内含物达到前高峰期，烫煮后容易与果肉分离。其加工品不仅成品率高、风味好，而且外形丰满。南枣、乌枣皮纹细致，色泽乌紫油亮。

（2）鲜食

以脆熟期采收为宜，少数糖分积贮早的品种，如冬枣、脆枣等在白熟期已有良好的甜脆品质，可溶性固形物含量高达25%，可提前到白熟期采收。脆熟期果实鲜艳、果肉细脆，糖分骤增，具有甘甜微酸、松脆多汁等最好的鲜食品质，而且贮藏性较好。

（3）干制

采收适期为完熟期，此期在果皮全面着色后半个月左右，果皮颜色进一步变深成褐红或黑红色，并开始有自然落果的现象。此时枣果充分成熟，含水量有所下降，干物质含量最多，不仅出干率高，而且干枣色泽浓艳、果形饱满、富有弹性，品质最好。

（二）采收

1. 鲜食枣的采收

鲜食枣的采收，目前仍然采用手摘的方式，根据鲜食、上市、贮藏、运输等对成熟度的要求分期采收。

采收过程中，必须戴手套，避免划伤果实。

手摘时要求保留果柄，切忌用手拧拉树枝和果实。轻摘、轻放，使用四壁覆软布的盛器，尽量避免对果实造成机械损伤。

2. 制干、加工枣的采收

制干枣、加工枣在尽量达到适时的成熟期后，一般用杆子等工具一次性震落。对果实成熟度不整齐的品种，可以按成熟情况，分 3 次采收，第一、第二次震摇大枝，晃落成熟早的果实，第三次用杆子打落采尽。

3. 乙烯利的应用

乙烯利催落枣果实的技术已十分成熟，较杆震采收可提高功效 10 倍左右，且保护树体免遭杆打损伤，有利于树体养分积累和保持连年高产。

将乙烯利喷施在枣树枝叶、果实表面，吸收后逐渐分解释放乙烯引起果柄离层组织解体，使果实提早脱落。

（1）使用浓度

乙烯利对枣的所有品种都有催落果实的作用，喷布浓度为 200~300 mg/L。

（2）喷施时间

在采收前 5~7 d 喷布，喷后 4~5 d，落果进入高峰期，6 d 前后可催落全部成熟的果实。

（3）适用品种

乙烯利催落果实的浓度比较接近催落叶片的浓度，因此大多在制干品种上使用。对乙烯利敏感、耐药力差的品种，如长红、圆铃等品种不能使用，防止造成早期落果。

（三）分级、包装

1. 选果与分级

枣采收后，要立即按照枣果的分级、包装要求进行挑选。

（1）场地

在平坦、洁净、通风的地方进行，地表铺垫物要柔软、平滑、洁净。

（2）去杂

去掉杂物，拣出有病虫害、畸形、个头过小、成熟度低于所需的果实。

（3）分级

按成熟度分级：短期贮藏在 2 个月以下的，全红、大半红、半红。中长期贮藏在 2 个月以上的，白熟、少半红、半红、微红。

按大小分级：根据品种特性，按照果实大小可分为特大、大、中、小 4 级。

2. 包装与标识

（1）包装材料

① 包装材料必须洁净、卫生、无污染。

② 包装盒容量适当，最多不要超过 10 kg，鲜食枣以 3~5 kg 为宜。

③ 包装材质一般以高强瓦棱耐潮纸箱或无毒塑料周转箱为宜。

④ 盛枣的容器内壁要光滑、柔韧，不能刺伤果实。

⑤ 盒内设有果托，可避免果与果碰伤。

（2）保鲜包装

PVC 保鲜袋：袋上打 6 个直径为 5 mm 的孔。

微孔膜保鲜袋：直接装袋即可。

（3）标识

按商品要求及相关规定，包装外观有特定的图案和照片，并加注品牌商标、净重、保质期等相关信息。

第七章　枣树设施栽培

一、设施类型与建造

（一）塑料大棚

塑料薄膜大棚红光和紫外线的透光率高，白天增温快，造价低，使用方便。可在大棚内进行枣树半促成栽培，经济效益大大高于露地栽培。

塑料大棚主要用竹木、硬塑料、水泥、钢筋、钢管等做骨架材料，上面覆盖塑料薄膜。一般用 0.1 mm 厚的塑料薄膜覆盖，棚脊高 4~6 m，宽 8~18 m，长 50~200 m。每亩塑料薄膜大棚需塑料薄膜 120~150 kg。

1. 大棚的结构和组成

按照大棚建造所用材料的不同，可分为以下几种。

（1）竹木结构

由立柱、支撑拱杆的柱子、拱杆（支撑塑料薄膜的骨架，直径 4 cm 左右）、拉杆（纵向连接立柱，可用 8 号铅丝代替）、门窗（大棚两端各设 1 门，顶部设天窗，两侧设侧窗，以利于通风换气）、塑料薄膜组成。大棚的立柱或拉杆使用的是硬杂木或粗竹竿等，拱杆及压杆等用竹竿。竹木结构大棚可以就地取材，容易建造，造价低廉，但竹木易折，使用年限短，又因棚内立柱多，遮光率高，操作不便，而且不便于机械作业。

（2）钢材结构

此结构是在竹木结构的基础上发展而成的 1 种类型。大棚的骨架采用轻型钢材，如直径 12~16 mm 的圆钢、小号扁钢、角钢、槽钢等。骨架结构与竹木结构基本相同，但可焊接或用连接固定构件，做成三角形拱架或拱梁，可减少立柱或无柱。这种棚抗风雪能力强，坚固耐用，无支柱，操作方便。有装配式镀锌钢管塑料大棚、无柱钢架式塑料大棚等。

焊接钢结构大棚：这种钢结构大棚的拱架是由钢筋、钢管或 2 种材料结合焊接而成的，上弦用直径 16 mm 钢筋或 6 分管，下弦用 12 mm 钢筋，纵拉杆用 9~12 mm 钢筋。跨度 8~18 m，脊高 3~5 m。纵向各拱架间用拉杆或斜交式拉杆连接、固定形成整体。拱架上覆盖薄膜，拉紧后用压膜线或固膜槽钢将薄膜固定在大棚骨架上。这种结构的大棚骨架坚固，无中柱，棚内空间大，透光性好，作业方便，是比较好的设施。但这种骨架要涂刷油漆防锈，1~2 年涂刷 1 次，如果维护得好，使用寿命在 10 年以上。

镀锌钢管装配式大棚：这种结构的大棚骨架，拱杆、纵向拉杆、端头立柱均为薄壁钢管，并用专用的卡具连接形成整体。所有杆件和卡具均采用热镀锌防锈处理，是工厂化生产的工业产品，已形成标准、规范的 20 多种系列产品。这种大棚跨度 4~12 m，肩高 1~1.8 m，脊高 3~5 m，纵向用纵拉杆（管）连接、固定形成整体。可用卷膜机卷膜通风、保温幕保温、遮阳幕遮阳和降温。这种大棚为组装式结构，建造方便，并可拆卸迁移。棚内空间大、遮光少、作业方便，有利于枣树生长，构件抗腐蚀、整体强度高，承受风雪能力强，使用寿命在 15 年以上，是目前最先进的大棚结构形式。

（3）塑料钢结构

菱镁塑料钢拱架主要由氧化镁、氯化镁、不饱和聚酯树脂等物质组成，手工或机械模塑成形，非常适合北方寒冷及高寒地区使用。菱镁塑料钢拱架无腰柱温室大棚耐候性很强，高温不膨胀，低温不收缩，防腐蚀，防虫蛀，成本低，寿命长，不用前柱、腰柱支撑，采光好，作业方便。

（4）混合结构

此类大棚的棚形结构与竹木棚相同，不同之处在于使用竹木、钢材、水泥构件等多种材料。

（5）充气大棚

包括拱形的棚盖和用在棚盖两端的侧帘。侧帘上设门，棚盖包括 2 层塑料。2 层塑料上有多条经高频热合的热合线，2 个热合线形成一封闭的拱形肋带，每个肋带上有 1 个充气嘴。双层充气膜能有效防止热量散失和冷空气侵入，保温性能好，冬季运营成本低，不足是双层充气膜导致温室透光率下降。

2. 大棚的设计与建造

（1）场地选择

场地要求开阔，由于大棚抗风能力较差，必须避开风口。在建立棚群时，保证大棚间的距离达到 2~5 m，棚头间距 5~6 m，便于运输和通风换气，避免遮阴，同时还要求有方便的电力和灌溉条件。

（2）大棚的规格和方向

一般每栋大棚面积 300~500 m^2，长 40~60 m，宽 10~12 m，竹木结构的矢高 3~4 m，钢架结构的矢高 3~5 m。棚内空间增大，有利于空气流通，便于授粉和改善果树生长环境，而且便于生产管理。但随着大棚棚体的增大，其造价也按比例提高。

大棚南北延长受光均匀，东西延长冬季受光条件好。不论东西延长或南北延长，要避免斜向建造。建造大棚除了考虑透光外，还需根据地形决定方向。

（3）大棚的布局

塑料大棚场地、规格选定后，要根据场地大小、栋数对大棚进行总体规划。若棚群较大，应考虑设计其他设施，如工作间、仓库、配电室等。

南北延长的大棚，南北两棚间距应在 5~6 m，以便运输和通风换气；东西两棚间距 2~3 m，既有利于通风又可以避免大棚相互遮阴，提高土地利用率。

（4）大棚的保温比

塑料大棚的保温比是指塑料大棚内的栽培床面积与覆盖的塑料薄膜面

积之比。保温比大，表示覆盖的棚膜面积小，虽然夜间散热面积小，但白天接受太阳辐射能的面积也小；反之，保温比小，其接受太阳辐射能的面积虽大，但散热面积也大，不利于保温。所以大棚要有适宜的保温比，保温比以 0.6~0.7 为宜。

3. 竹木结构塑料大棚的建造

（1）材料

① 骨架材料准备：按大棚结构的要求，把各种材料准备好，如拱杆、立柱、拉杆、压杆等，按规格要求截短，用铅丝连接好，要求绑接牢固。

② 裁接塑料薄膜：根据大棚的大小裁好，用电热熨斗粘接成整体。

（2）施工

建棚前先平整土地，并按南北方向定好大棚边线，然后从一端开始，定好埋设立柱和插拱杆的位置，挖好坑，按以下作业程序施工。

① 埋立柱：立柱埋置深度为 40~50 cm。要求规格一致，纵横成行，同一排的立柱高度要一致。中间 2 行高，两边依次降低 20 cm，保持左右对称，成半弧形。

② 插绑拱杆：立柱埋好后，把拱杆放在立柱上端的"V"字槽内，拱杆的两端埋入坑里，深 30~50 cm。拱杆拱形在一条直线上，用铁丝将拱杆和立柱绑牢，拱杆间距 1~2 m。

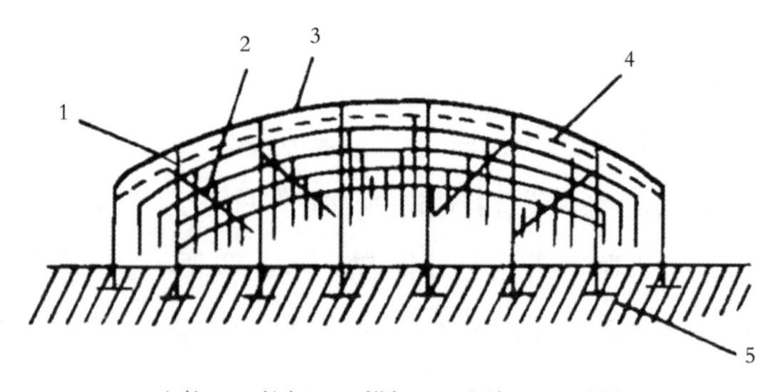

1. 立柱　2. 拉杆　3. 拱杆　4. 压杆　5. 地锚

图 7-1　竹木结构塑料大棚

③ 绑拉杆：横拉杆绑，固定在距立柱顶端 30~40 cm 处。棚形较小时，可以用 8 号铅丝固定在每个立柱顶端，沿大棚走向拉直两头埋入土中，再用紧线螺丝拉紧代替拉杆。

④ 扣棚（上膜）：为防风吹和上膜时磨损薄膜，用软布或薄膜将立柱与拱杆各连接处包起来。选暖和、无风的上午顺风扣棚，薄膜要拉紧，中间无折叠和扭斜，将膜边埋入土中，踏实。

⑤ 上压杆或压膜线：薄膜扣好后上压杆，也可边盖膜边压杆。压杆也要压紧绑牢，两端用铁丝牢固地固定在大棚外侧的木桩上。覆盖薄膜后，也可不上压杆，在各拱杆间拉上压膜线，压膜线最好用特制的塑料压膜线，也可使用尼龙绳，固定在预埋的地锚上。压膜线必须压紧，才能保证大风天薄膜不损坏。

⑥ 装门窗：在棚的两端各设 1 门，门高 1.8~2 m，宽 1~1.2 m，也可设活门。通风窗可随天气转暖逐渐开设，或配置专门的卷膜器，从两侧通风换气。

4. 塑料薄膜的选择

设施用的薄膜，按树脂原料可分为聚氯乙烯（PVC）棚膜、聚乙烯（PE）和乙烯—醋酸乙烯（EVA）棚膜，其中 PE 棚膜和 PVC 棚膜应用最广。根据生产需要，在生产 PE 膜和 PVC 膜的原料里，加入一定比例的助剂，生产出长寿膜、无滴膜、高保温日光膜、高温保温膜等。有条件的最好选用 EVA 棚膜。

尘埃少的地区用 PVC 膜，城郊多尘地区用 PE 膜，高原地区用调光膜。

（二）高效节能日光温室

日光温室由地基、基础墙体、骨架、覆盖物、保温设备等构成。控制温度、光照、湿度、空气环境条件的能力强，设备较完善，但投资较大，生产中常用的日光温室大多数都是单窗面日光温室。单窗面日光温室通常可以分为普通日光温室和高效节能日光温室。普通日光温室在寒冷季节，需人工加温以保持温度进行生产。高效节能日光温室是在普通温室的基础上，优化棚形结构，改良保温贮热和透光能力，具有良好的采光、贮热、保温、防寒性能，而且空间大、操作管理方便，冬季不需人工加热就可进行生产。

1. 日光温室的类型

（1）长后坡矮后墙半拱圆形日光温室

这种温室又名鞍山日光温室，初始型的温室跨度多为5.5~6 m，中脊高2.3~2.4 m，后墙高0.5~0.6 m，后坡长3 m，中柱高2.2 m，中柱在距柁前端40 cm处与之连接，中柱距温室前底脚3.5 m，距后墙内侧2.5 m。前屋面弧长4.5 m左右，拱杆固定在由中柱支撑的脊檩和前屋面的2道梁及支柱上。后屋面结构是先在柁上横担4~5道檩条，上面再用整捆玉米秸秆或高粱秸秆做箔，箔上抹2遍草泥，上边再铺稻草，总厚度达到60~70 cm。前屋面用草苫加纸被保温。这种温室的优点是取材方便，造价低，保温性能好。此类温室在改进后将中脊高度提高到2.7 m，后坡投影长度缩短到2~2.2 m，增加了采光量，减少了后坡下的弱光带，进一步改善了温室性能。

（2）短后坡高后墙半圆拱形日光温室

这种温室是在总结长后坡矮后墙半拱圆形日光温室优缺点的基础上加以改进的，跨度7 m，脊高3.1~3.3 m，后墙高2 m，后坡长1.5~1.7 m，后坡水平投影宽度1.2 m，后墙厚1 m以上，后坡前部厚20 cm、中部厚40 cm、后部厚60 cm。前屋面采用钢管架结构，可不设支柱，后屋面采用水泥预制件结构。若前屋面采用竹片（杆）拱架，需立2排支柱，四周设防寒沟。如果栽培乔化树种，跨度可以增加到8~8.5 m，脊高3.6~3.8 m，温室前屋面底脚向内1 m处高度1.5~1.8 m。

（3）鞍Ⅱ型日光温室

鞍Ⅱ型日光温室跨度为6 m，中脊高2.7~2.8 m，后墙高1.8 m，为砖砌空心墙，内填珍珠岩。前屋面为钢结构一体化半圆拱形桁架，上弦为直径4 cm的钢管，下弦为直径10~12 cm的圆钢，腹杆（拉花，下同）为8号圆钢，后坡长1.7~1.8 m，水平投影宽度1.4 m。从下弦面起向上填充作物秸秆，抹泥再铺草，形成泥土和作物秸秆复合后坡，厚度不少于60 cm，前屋面双弧面构成半拱形，下、中、上 3 段抗荷载设计能力为 300 kg/m^2。这种温室跨度小，其采光增温和保温效果好。

（4）一斜一立式日光温室

一斜一立式日光温室又称一坡一立式日光温室或琴弦式日光温室，跨度 6~7 m，脊高 3~3.2 m，前屋面下设 2~3 排支柱，每排间距 2 m，前柱高 0.8 m，第二排柱高约 1.8 m，第三排柱高 2.7 m，脊柱高 2.7 m，后墙高 2 m，后坡长 1.5 m，柱间东西间距 3~4 m，柱上架设木杆或 10~12 cm 粗的竹竿，1~2 寸钢管做拱架。在拱杆上按 40~45 cm 间距横拉 8 号铁丝，拉紧后两端固定在山墙外侧的地锚上，中间固定在拱架上，即成琴弦状的骨架，再隔 70~75 cm 固定 1 道南北向的细竹竿，然后覆盖薄膜，并在膜上将竹竿与膜下竹竿相对，用铁丝穿透膜拧紧固定。

（5）半地下式日光温室

这种日光温室最早的形状是一斜一立式。室内栽培畦在地面以下。这种温室存在前部低矮作业和采光角度不易增加等问题，因此有不少温室前屋面改为微拱形，跨度 6~7 m。

（6）甘肃二代半拱圆棚形琴弦结构日光温室

该类温室跨度 7~8 m，脊高 3.6~3.8 m，后墙高 2.8~2.9 m，外加 80 cm 高的女墙，土墙厚 1~2 m，长后坡 2.1 m，短后坡 1.6~1.8 m，入土墙 50 cm，后坡仰角 45°，草层中部厚 50~70 cm、前沿厚 20 cm，横梁入山墙 50 cm，梁下面衬砖头或木片，以增加受力面积。横梁要求平直，与立柱用铅丝捆扎固定。后坡檩条固定在横梁上，后坡檩条和横梁入后墙 50 cm。前屋面拱圆形。前后屋面间距 40 cm 左右横拉 1 道 8 号铅丝，两头固定在山墙外的坠石上，坠石埋于距山墙 50 cm 外的沟中，沟深 50 cm。铅丝与山墙相交处顺墙衬 2 根木棒，以防铅丝陷入墙体，再用铁丝将铅丝固定在木棒上。拱杆与铅丝用扎丝固定。地基处理同其他类型温室。

(7)镀锌钢管(钢筋)双弦桁架式日光温室

这种温室其前后屋面是钢管(筋)结构一体化半拱圆形桁架,可分为有中柱和无中柱2种类型。无柱温室的跨度7~8 m,拱架直接架在后墙上。屋脊高3~3.5 m,后墙高2.2~2.9 m,砖砌夹心墙厚70~100 cm,内填炉渣20 cm,内砌三七砖墙,外土墙厚50~60 cm,每隔3层砖将内外墙连成一体。钢架上弦为直径4 cm的厚钢管,下弦为1~1.2 cm的钢管,腹管为0.8 cm的圆钢,桁架间距3.3 m,拱杆间距80 cm,东西向用3~4道圆钢或钢筋拉杆连接固定。后屋面处理与其他温室类似。这种温室经久耐用,采光增温和保温效果好,生产作业方便;其缺点是造价高,一次性投资大。

(8)西北型半地下式超厚墙体日光温室

温室跨度7 m,屋脊高3.3 m,后墙高度2.2~2.6 m,其中栽培床距离地平面0.5~0.6 m,墙体底部厚2.5~3 m,顶部厚1 m,墙体内侧垂直于地面,外侧为斜面,既保温又防雨。后坡长1.8 m,后坡投影1.2 m,厚度0.5~0.7 m,后屋面仰角38°~40°,温室长度50~100 m,前屋面底角65°~67°。

(9)西北型节能日光温室

温室跨度7 m,高度3.8 m,墙体厚度1.3 m。温室方位角为偏西5°~6°,后屋面仰角40°。温室骨架材料为镀锌轻型钢管屋架结构,前屋面骨架上弦采用4分钢管,下弦采用10 mm钢筋,中间拉花弦采用8 mm钢筋。后屋面上弦采用1寸钢管,其他部分和前屋面相同。后墙及山墙为干打垒土墙外包砖墙,中间夹1.1 m厚干打垒土墙。后屋面材料为轻质复合墙体保温板复合材料,总厚度17 cm以上,内表面用菱镁材料做防氧化处理,保温板之间可用凹凸槽或建筑胶连接。表面用水泥砂浆加玻璃纤维布处理,再做防水处理。采用温室复合保温被,要求整体结构传热系统小,保温性能优于草帘;重量适中,容易卷放;不易被雨雪浸湿,防水性能好;抗老化能力好,使用寿命6年以上。

(10)双连跨(栋)日光温室

双连跨(栋)日光温室是在充分发挥我国独创单栋高效节能日光温室技

术的基础上，结合现有单栋日光温室、连栋温室技术，优化和筛选新型的覆盖材料，以轻质保温材料做墙体围护，采用轻型无柱装配式桁架，改进温室结构、密封和保温性能而独创的新型温室类型。这种温室土地利用率提高了30%以上，更适合果树设施栽培和集约化立体栽培，室内空间大，便于机械化作业。

2. 高效节能日光温室的选址与规划

高效节能日光温室要求具有良好的采光、贮热、保温性能。这些性能主要受高效节能日光温室前后屋面角度、高度、长度，墙体和后屋面的厚度、建材特性等因素的影响，因此只有设计合理的日光温室，才能满足生产要求。另外还应考虑日光温室的稳定性，能够承担风压、雪压及保温覆盖材料的负荷。充分利用当地自然条件，就地取材，合理设计，按要求规范施工。

（1）选址

高效节能日光温室属于稳定性永久型生产设施，一次性投资较大，因此不能盲目滥建。在建筑前，应对场地环境、生产条件、交通运输条件、水电设施等进行综合评价，一定要本着就地取材、经济实用、成本低、土地利用率高的原则选择适宜的地点。若需大面积发展，就要集中连片、总体规划、合理布局，按照高效节能日光温室修建的要求选好地址。

选址要求如下：一是选开阔、平坦或朝阳的缓坡地段修建。阳光是高效节能日光温室生产的关键因素，是唯一的光热资源。这样的地段白天日照时间长，采光好，气温、地温也高。二是避开风口，减少热量损失。三是土壤应以土层深厚、肥沃、富含有机质的砂质土壤为宜，同时水位不宜过高，以免影响排水。在低洼内涝地区应先挖沟排水、加高地势后再修建。四是水源充足，交通方便，有供电设备。

（2）方位

正南偏东或偏西5°~10°，以严冬利用为主的温室，方位偏西可以迟盖草帘，延长午后日照时数，增加温室贮热量，缩短温室黑夜时数，提高夜温。无论是偏东或偏西，都最大不超过10°，否则影响温室受光。

(3)总体规划

高效节能日光温室的间距取决于温室与温室之间的遮阴情况，温室间距大于6 m。为减少占地、提高土地利用率，温室前空地带可以造低矮的温床、冷床，进行枣或蔬菜的栽培。温床、冷床可东西延长，也可南北延长，方向及长度决定于场地的具体条件。温床与温床之间距离1.5~2 m，既要作业方便又能放置草毡。

(4)建造原则

① 采光合理充足。太阳不仅是温度热量的源泉，而且是枣生长发育的能源，要合理地利用自然光照，使温室内的光照满足果树生长发育的需要。

② 保温、蓄热好，节约能源。节能日光温室多在北纬37°~46°地区的冬季进行生产。如果保温蓄热不好，要加温，会消耗大量能源，增加生产成本，降低效益，严重时甚至亏本。因此，修建温室时必须根据当地自然条件，加强保温蓄热设计。

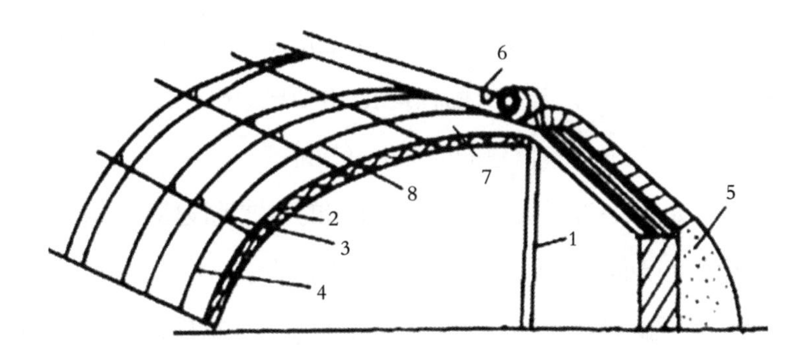

1. 中柱　2. 钢架　3. 横向拉杆　4. 拱杆　5. 后墙　6. 保温被　7. 薄膜　8. 压膜线

图7-2　高效节能日光温室

③ 建筑结构合理，坚固适用，成本低，见效快。修建温室时应通过温室采光理论、建材特性、本地自然条件、气候条件分析计算，确定本地最优化的采光屋面角度和形状，使高效节能日光温室在建筑结构上技术先进、结构合理，同时还要做到坚固适用。在此基础上力求建材就地取材、降低造价、提高经

济效益。

3. 结构设计

(1)墙体设计

高效节能日光温室的墙体有承重和蓄热保温 2 方面作用。墙体的厚度和建材的种类直接影响温室的保温性能。后墙高度应根据后屋面角度、脊高、后坡投影等因素综合考虑,一般保温性强、导热性差的墙体可以略薄一些。

为了使墙体具有良好的蓄热保温能力,除采用合理厚度、高度外,还要选择适当的墙体材料或采用异质墙体结构。砖墙的保温性能比土墙强,厚 60 cm 的砖墙与 80 cm 的土墙效果相当。

近年来,异质复合墙体迅速推广。这种墙体的一般结构是内层为砖,外层为砖或加气砖(也可以是土墙),中间有一定厚度的填充物,填充物可用稻草、炉灰渣等,这样夜间向室内放热的时间长、放热量大。

(2)后屋面设计

后屋面又称后坡、不透光屋面、后屋顶,是温室的一种围护结构,主要起隔热保温、蓄热放热的作用,同时也有支撑采光屋面、卷放草帘的功用。另外后屋面影响温室的采光性能,设计时不能轻视。

后屋面仰角的大小影响温室的采光、贮热性能。应根据各地的实际情况,栽培品种、树高等因素选择适宜的仰角。目前日光温室的仰角有增大趋势,为改善采光,将后屋面仰角加大到 40°~45°。

由于后屋面的传热数远比前屋面小,夜间保温效果更好,所以长后坡的温室白天升温慢,夜间降温也慢。高效节能日光温室必须有宽度适当的后屋面,目前大体有 3 种:第一种是长后坡式,前后屋面投影宽度为 2∶1;第二种是无后坡式,除墙体外都是采光屋面;第三种是短后坡式,前后屋面投影宽度为 4∶1 或 5∶1,目前该类型最多。冬季生产的日光温室,特别是在高寒地区,为了保温,必须有一定长度的后坡。跨度 6 m、高 2.5 m 的日光温室,后坡投影以 1.3 m 为佳。跨度 7~8 m 的日光温室,后坡投影为 1.4~1.5 m,后坡长 1.8~2 m。

为充分发挥后屋面的保温作用,必须保证适宜的厚度,一般后屋面的前沿厚度 15~20 cm,中部厚度 40~60 cm,后部厚度 60~90 cm,用轻质、保温、隔热的材料填充。

后屋面要求用轻、暖、严,并有一定强度的材料,不能仅限于承重和隔热保温。目前后屋面一般用一定规格的木椽、水泥预制椽或钢管承重。用整捆的玉米、高粱、芦苇秸秆,柴草,麦草或聚苯乙烯泡沫塑料板保温,保温层上下铺旧棚薄膜阻隔热对流与缝隙传热,上用草泥封顶,再上铺防水层。

(3)前屋面设计

前屋面又称采光屋面、透明屋面。阳光照到采光屋面上以后,一部分被薄膜吸收掉,一部分反射掉,大部分透入室内。

高效节能日光温室前屋面形状有 2 大类:一类是由一个或几个平面组成的直线型屋面,一类是由一个或几个曲面组成的曲线型屋面。前屋面形式,圆一抛物线组合型最佳,一坡一立式型和椭圆型最差,圆面型、抛物线型与三折式型居中。

脊高是温室高度,指屋脊至地面的高度。所谓跨度,指温室北墙内侧至南侧底脚之间的宽度。脊高、跨度的大小以及它们如何相互配合,决定了温室的采光、保温性能。

在一定脊高条件下,随着跨度的增大,温室采光屋面角随之变小,温室透过的太阳辐射也随之降低,跨度大一步,温度差几度。高度与跨度的比值以 0.4~0.5 为宜。近几年的实践表明,高效节能日光温室的跨度 6~7 m,脊高 2.8~3.2 m;或跨度 7~8 m,脊高 3.6~3.9 m。

(4)塑料薄膜的选用

高效节能日光温室都采用塑料薄膜作为采光屋面的透明覆盖材料。塑料薄膜对温室的采光有很大的影响。目前使用的塑料薄膜主要是 0.1~0.12 mm

的聚氯乙烯(PVC)、聚乙烯(PE)和醋酸乙烯(EVA)薄膜。

在生产中,温室的薄膜常有灰尘、烟粒污染,内表面常附着 1 层水滴,这使薄膜的透光率大为减弱,所以要选择防尘、无滴的多功能薄膜。

(5)骨架材料与采光

竹木架的日光温室由于骨架材料强度较低,所以材料的横截面较大,造成有较大的遮阴。特别是由于必须设置支柱、横梁等,因此更加扩大了遮阴面积,个别温室的遮光率高达 25%。在温室设计时,应尽量使用强度大、横截面积小的建材。用钢筋或钢管做拱架,不但横截面积小,而且可以省去支柱和较大的腰檩，只用较细的钢筋做拉杆连接各处单个的拱架，使之成为一体,所以遮光小,最好的遮光率仅为 5%。

(6)其他设计

防寒沟:防寒沟是为阻止和减少温室内外土壤热传导,在温室的四周或前屋面底角处挖的 1 条深 50 cm、宽 40 cm 的沟,沟内填入柴草、牛粪或炉灰渣等导热率低的材料,上盖旧棚膜,再铺 1 层黏土,以防雨水渗入沟内而降低防寒效果。

进出口:一般设在一端山墙上,出入口与气流缓冲间相通,并挂棉门帘保温。

蓄水池:北方地区的冬季,直接把水引入室内灌溉会大幅度降低土壤温度,使作物根系受到冷害或冻害,严重影响作物生长发育和产量,因此在温室内山墙旁边修建蓄水池,以便冬季预热灌水。蓄水池的大小应根据温室面积而定,一般长 6 m,宽 1.5~2 m,深 1.5~1.8 m。

气流缓冲间:在温室进出口处建 1 间房子,除缓冲进出口热量散失,用作住房或仓库外,还可以让操作管理人员进出温室时先在缓冲间适应一下环境,以免影响身体健康。

卷帘机和卷膜器:日光温室前屋面夜间覆盖草帘,白天卷起。人工卷起 1 亩的日光温室的草帘最少需要 1 h,而用卷帘机,在 3 min 内就可卷完,既省力又可以增加温室的光照时间，因此卷帘机是日光温室不可缺少的设备。卷保温被的减速电机采用侧卷电动卷帘机，若减速箱为涡轮蜗杆，功率在 1.5 kW 以上；斜齿轮减速箱，功率在 750 W以上。卷轴选用 1.5~2 寸的镀锌钢管。在温室中部安装 1 台电动机和减速机以操纵钢管传动，电动卷帘机卷放时间 2~4 min。通风口选用手动卷膜器通风，卷膜钢管为 4 分镀锌钢管，用塑料卡箍固膜。

灌溉系统：日光温室灌水最好将深井水或自来水通过地下管道引入室内。灌水前注入蓄水池中预热，灌水时用水泵抽水。在室内地面全部覆膜的情况下，也可以设计安装滴灌，提高灌水质量和效率。

输电线路：若建日光温室群，在规划时要统一布置线路。输电线路布置要科学、规范、安全，不能影响作业。

(三)建筑施工

高效节能日光温室目前尚属非规范化的简易建筑，容易施工，但要真正满足生产的要求，还必须保证施工质量，严格按照设计标准施工。

1. 施工时间

施工时间因各地气候条件不同而各不相同，但要在使用之前完成施工，并且使墙体充分干透。一般来说，在夏田作物收获后便可开始修建温室。

2. 墙体施工

施工前先平整场地，如果土壤过干，应浇水，使筑墙用的土壤湿度合适。土地准备好后，再进行定点放线。放线是按照预定的方位沿后墙和山墙的厚度，两边划定基线，撒上白灰，并在基线的尽头钉上木桩作为标记。后墙和山墙应垂直。日光温室的墙体大部分以土墙为主。资金充裕的，也可用砖砌成空心墙。

(1)土墙

筑土墙首先要处理地基。如果地基处理不好，会影响墙体的质量。处理土墙的地基，将不返浆土层、原土夯实 50 cm 即可。地基处理好后，即可开始筑墙，常用的筑墙方法是有板打墙和椽打墙 2 种。目前，多采用挖掘机筑墙，速度快、效果好。

（2）砖砌空心墙

采用砖砌墙体，一般适宜砌空心墙，因为空心墙既节省材料又能提高保温性能。地基处理与土墙相同。外墙一般为三七墙，内墙为二四墙，中间空心距离一般为 8~12 cm。砌墙时按一定长度在两墙之间放 1 块拉手砖，使内、外墙连接成为 1 个整体，以防胀肚倒墙。空心距离在 12 cm 以上时，应填充隔热保温材料，一般多填充煤渣，便宜且保温效果好。砖墙砌到规定高度后，外墙再砌高 30~60 cm，其作用是让后墙与后坡衔接，防止后坡的柴草滑出墙外。最后勾好墙缝，抹好灰面，防止透风。为了节省投资，还可采取砖土结合筑墙，即后墙砌成三七墙，墙外堆土；或者外筑土墙，内砌砖墙，中间留出空间成为空心墙。

（3）新型异质复合墙体

新型异质复合墙体是采用承重材料与高效保温材料（如岩棉板、聚苯板等）组成复合墙体。在复合墙体中，由于保温材料所处的相对位置不同，有外保温复合墙体、内保温复合墙体以及夹心保温复合墙体之分。轻质砌块（加气混凝土）墙体按照温室载荷进行设计，严格按要求进行设计和施工。

3. 后屋面施工

（1）立屋架

立脊柱，按照设计要求，确定脊柱位置，再挖柱坑，深约 50 cm，底面夯实，以防脊柱下沉，也可放置石头或砖块做基石。柱坑挖好后，在墙对应的顶部，挖约 60 cm 长的槽，上、下深度和宽度大约与横梁直径相同，以备搁放横梁。

确定脊高的水平线，方法是在东、西山墙的脊点之间挂线，以防挂线下落，可在中间预埋脊柱临时支撑挂线，按照脊柱高度加上横梁直径，确定脊高水平，之后进行脊柱预埋，并按照要求将横梁一头架在后墙上，一头架在脊柱上，再调整各个脊柱的上下高度和左右前后位置，即可确定横梁的水平位置，之后回填土，固定梁柱，并用铅丝绑缚梁与柱衔接处。梁柱是荷载承重的主要骨架，如果前、后、上、下、左、右水平高度不一，定位不准，既会给屋面施工带来不良影响，所以位置要符合设计要求。为了防止屋面前倾和塌陷，柱梁必须平直，强度应达到承受标准，同时脊柱顶端可以向内倾斜 10 cm 以内，使屋面前后的受力保持平衡状态。

后屋架的其他部分施工因温室类型不同而有所差异。琴弦式在梁柱架上不用檩条作为支撑构件，而是用 8 号铅丝，东西纵拉 6 道，每道相距约 20 cm，两端经过山墙，固定埋在地下。为了支撑受力均匀，铅丝必须拉紧，各条松紧程度一致，切不可松紧不一。拉紧铅丝的方法是使用紧线器，不但省力，容易拉紧，而且松紧程度一致。铅丝拉紧之后与横梁的所有接触点都要按点固定，不可前后移动。

拱圆形后屋架在梁柱构架固定之后，先上脊檩。脊檩与脊檩的接头用榫卯接合，接点应正好在横梁顶面，东西方向调整直、平，再与横梁固定。脊檩的下部放 1 道檩条，也可用椽子与横梁平行，一头固定在脊檩上，一头放在后檩上，椽与椽之间相隔 15 cm 即可。拱圆形温室后屋架可以东西纵拉 8 号铅丝，方法同琴弦式温室。

（2）铺设后屋面

先在后屋顶表面铺置 1 层薄膜，长短与温室相同，宽度在后屋面的 2.5 倍以上，剩余部分平均留在屋面前后边缘等待使用。薄膜铺好后，将秸秆捆扎成捆，直径约 20~30 cm，再将秸秆顺坡向整齐排放，捆间挤紧，然后将两边剩余薄膜折回，将秸秆包严，屋脊前檐取直。在上面压干土 18~20 cm，踩实整平，再铺草泥 5~8 cm，厚度达到 50~90 cm 左右即可。要求秸秆高出后屋面，用干土压实后和屋面平行，干土和草泥的具体厚度应根据温室承重能力灵活调整。整个后屋面顶部成南高北低的斜坡，坡比为 3：20，坡面平整无缝。后屋面保温材料选用聚苯乙烯泡沫塑料板，其容重不宜小于 15 kg/m²。容重过小，施工过程中板材易掉角或破碎，制成的复合保温板的强度也会受到一定影响。选用聚苯乙烯泡沫塑料板保温，可以内铺 1 层石棉瓦，外盖厚 5 cm 的水泥盖板。水泥盖板间用水泥灌缝，并用防水材料处理。

4. 前屋面施工

（1）骨架安装

前屋面骨架包括拱杆腰檩（又叫拉杆）和支柱（中柱与前柱）等。琴弦式的前屋面还有 8 号铅丝。因为结构类型不同，骨架的安装方法也有差别。

有柱式前屋面骨架安装，第一步是按设计的距离立支柱。其方法与立后屋面的脊柱基本相同。不同之处是支柱一般要求与地面垂直，但有的前支柱向南倾斜，与地面形成 70°~80°的角，支柱埋入土中深度为 40~50 cm，坑底整平并夯实，放入基石。第二步是在支柱角上架设拉杆（腰檩），拉杆与支柱的连接方法与脊檩相同。支柱与拉杆安装好后，再进行 1 次调整，使拉杆高低、前后均在 1 条水平线上。第三步是绑拱杆。先绑每间立柱上的，加强拱杆或加强桁架，注意使拱杆的角度和弧度达到设计要求，然后在两道加强拱杆之间均匀地架设 3~4 道小竹拱或竹片，先把上部的 1 根竹竿或竹片的根部用铁丝或钉子固定在脊檩上，下边 1 根埋入土中，2 根竹竿或竹片的梢部在中间重叠相接。为了使拱竿整齐一致，各个竹拱均在 1 条直线上，在埋设时应向南稍倾斜，再反折回来固定到腰檩上，这样才有撑力，而且容易形成理想的弯度，压膜线才能把薄膜压紧。或者在埋竹拱的地方先钉进木桩，把竹拱绑在木桩上再反折回来。全部拱竿调整整齐一致后，把竹拱重叠部分绑牢，随后用铁丝把竹拱与拉杆绑缚牢固。

琴弦式温室前屋面骨架的施工，在支柱上的加强拱杆架好之后，按东西方向拉放铅丝，铅丝间距 40~50 cm，在东西山墙上顺山墙设衬墙木，以防铅丝陷入墙体而拉塌山墙。用紧线器拉紧铅丝并固定在山墙外侧的坠石上。坠石埋在地下 1.5 m 深处。

无前柱拱圆式结构安装，在脊柱位置先架 1 个钢管拱架，一般间距 3 m，使其达到设计的高度、跨度与弧形。钢管上端与后屋架接点可先不固定，以便之后调整。钢管拱架埋入土中的部分可以直接插入土中，也可套插预埋在土中预制件的钢筋头上。待全部钢管拱架安装好后，再在两拱之间安装 3 个钢管拱架或 4 片竹拱架，间距为 75 cm 或 60 cm。全部拱架安装好后，再统一调整整齐。东西向绑上拉杆，使前屋架固定为 1 个整体。

装配式屋面，根据图纸，用各种卡具把拱杆、横向拉杆、卡膜槽、棚头、门、通风装置等组装起来。采用焊接钢桁架或钢管拱架时，所有屋面钢构件应严格除锈，并刷 2 遍防锈漆。在使用过程中，每年都得除锈，刷防锈漆。

（2）薄膜烙合与覆盖

薄膜的烙合，如果薄膜的幅宽不够，使用前应按照使用要求，烙合成整块才能覆盖。烙合方法为先准备 1 条长 2~3 m、宽 5~8 cm、厚 3~4 cm 的木条，把木条固定在长凳上，木条用布或牛皮纸包裹。烙合时 1 人负责把 2 幅薄膜边缘重合 5~6 cm，放在木条上，1 人在膜上用 1 张厚牛皮纸（塑料王更好）盖上烙合面，1 人手执电熨斗从上面缓缓熨过。烙合聚乙烯膜温度为 110℃，聚氯乙烯膜为 130℃。熨斗熨过后，轻轻揭开牛皮纸，提起薄膜，再烙合下一段。如果温度过低没有黏合，可重复进行，直到黏合为止。烙合时温度高，熨斗就运动快一些，但要防止温度过高损坏薄膜。

覆盖薄膜，薄膜的宽度要比前屋面宽 1 m 以上，以便上下固定。薄膜长度应比温室实际长度短约 1 m，以便在扣膜时能拉展膜面。扣膜应选晴朗无风天气，在 10:00 以后进行。先将膜展开，待晒热后再拉直。为使薄膜拉紧绷展，在薄膜东西两头缠上小竹竿以便操作，拉时两头不少于 6 人，同时操作，拉紧后先将一头越过山墙，固定在外部下面 10~20 cm 处东西横拉的 8 号铅丝上，然后再将另一头拉紧，按同样方法固定。为保护棚膜，可事先在山墙顶衬上旧草帘。东西方向固定好后，再固定上下薄膜。

薄膜上面还要用压膜杆或压膜线固定，以防大风吹破薄膜。琴弦式日光温室用直径 1~2 cm 的竹竿做压膜杆，在膜上沿垫杆放好后，用 18 号铁丝穿透棚膜，把垫杆和压膜杆绑在一起，每根竹竿绑 2~3 道铁丝，靠近屋顶预留出约 30 cm 以便通风。铁丝穿膜时，一定要小心，穿孔越小越好，否则会影响保温，甚至引起膜面撕裂。拱圆形温室一般都采用压膜线固定薄膜。覆盖薄膜后，每间温室拉上压膜线，压膜线最好用特制的塑料压膜线，上端固定在事先准备好的固定压膜线上端的木杆上或铁丝上，下端固定在前底脚预埋的地锚上。压膜线必须压紧，才能保证薄膜在大风天不被损坏。

（3）开设通风口

目前均采用自然通风，即用通风口（窗）进行室内外空气交换。一般通风口设在塑料薄膜屋面上。设置通风口要掌握 3 个原则：通风口不能形成扫地风，以防冷风伤寒，因此风口要在地面 1 m 以上开设；二是不能有过堂风，即上下风口要左右错开设置，使通风均匀；三是要防止雨水滴入，减少病菌侵入和使室内湿度过大。通风口一般分上下 2 排，上排通风口应设在膜面最高处，下排通风口应设在离地面 1 m 处。

目前比较常用的通风方法是扒缝放风，在盖膜时必须预先留好位置。在热合薄膜时，可以做成 2 块膜 1 道缝，或者 3 块膜 2 道缝。前 1 种下面 1 块膜宽 6 m，上面 1 块膜宽 1.3~1.5 m，这种 1 道缝只有上放风口，不适宜要求通风量大的作物。3 块膜时，底下 1 块膜宽 1.5~2 m，中间 1 块宽 5 m，上边 1 块膜宽 1.3~1.5 m。这种方法，上、下都可开放风口，通风量可按需要调节，对于种植各种作物都比较适宜。扣膜前，应将留缝位置的 2 块塑料薄膜边缘都卷回 5~6 cm，用黏合剂或电熨斗烙合成直径 3 cm 的筒，下面 1 块膜顺筒穿入 6 号铅丝固定，上面 1 块膜顺筒穿 1 根绳用于放风。扣膜时上边 1 块压下边 1 块，重叠 20~30 cm，呈覆瓦状。东西拉紧，固定到山墙的外面，并在棚膜拉紧后压紧几块膜。放风时扒开 2 块膜间的重叠部分，即显露出开口。春季需加大通风量时，还可把拴在山墙外的绳头放松，这样可以把缝扒大一些，加大通风量。

5. 防寒沟与保温材料

(1)防寒沟

一般设在前屋面基角下,沟宽为30~40 cm,深度与当地冻土层等同。沟内填充柴草、树叶、牛粪等,上面盖旧薄膜,用草泥或土封口,以防止水分侵入,阻挡内外热量的交换。

(2)进出口

进出口门设在避风一面的山墙北端,正对室内走道。门的大小以操作人员进出方便为宜。为了防止热量对流损耗,门外应设缓冲间,并可兼做住房和工具室。

(3)保温材料

保温草帘的质量好坏与日光温室的保温有直接关系, 必须掌握一定技术才能编制合乎标准的草帘。草帘的标准是薄厚均匀,厚度约5 cm,草把紧密,没有缝隙,绳子缚紧,不掉草叶。草帘可用草帘机编制。打草帘前,选用2根比草帘宽度(2 m)略长的木棍,按照草帘的长度(8 m)固定在平地上,再把7条大径按间距20~25 cm距离紧绑在2根木棍上,然后把小径湿水后与大径一头连接。编制时,把草整好,草把用手紧握,粗细均匀,一般直径为5~6 cm,从头开始,把草把捆缚在大径上,草把两端距边缘的大径约10 cm,打好1把再向前递换1次,直到终了,再把绳头绑好,利用剩余的麻绳,做成2个环状的抓手,编制即结束。晒晾干后,即可使用。

目前,许多单位研究并生产出不同规格型号的保温被。一般来说,保温被由3~5层不同材料组成,从内层向外层依次为防水布、无纺布、棉毯或其他隔热材料、镀铝转光膜等,几种材料用一定工艺缝制而成。保温被具有保温性能优良、重量轻、防水、阻隔远红外线辐射、寿命长、电动卷帘方便、劳动效率高等优点,可以选择应用。

6. 卷帘机的安装

利用机械卷帘,可延长光照时间,提高产量,另外草毡也不易被损坏和被风吹起,可延长使用寿命1~2年。下面以60 m长度温室为例介绍单轴牵引卷帘机的安装。

(1)备料

每60~80 m长度的温室可安装一套卷帘机，其用件是1∶40卷帘机变速器1台和1.5 kW电机1台;直径2寸轴60 m(卷轴);直径4寸卷帘支柱16 m("V"形,中间用转轴连接,一端连接在卷帘机支座上,另一端连接在转轴地面基座上);倒顺开关1个;草毡宽1.3~1.5 m,厚4~5 cm(也可选用保温被)。

(2)安装

先把支架固定在温室前面1 m处的地面上。草毡顶端固定在温室顶部，草毡下部用铁丝固定在卷帘器的卷轴上。变速器与电机相连，置于温室中部,变速器卡在轴承上,倒顺开关置于电源线上。

另外若安装电机自动控制仪器，要把卷帘机工作行程转换开关与限位档板对应固定好,其他元件安装到1块电路板上,装配在电盘内即可。调试工作最好结合环境实际，直接用早晨和傍晚的光照强度调整。如果结合阴天、雨天调整,控制灵敏度会更高,需更加细心地反复调整。自动卷帘机控制卷帘省工省力,有利于实现规模化生产。

(3)注意事项

① 运行时操作人员站在温室前,掌握开关且不得远离。

② 草毡长短一致,下面用钢丝穿在一起,上面固定。

③ 电线与草毡分开,以防电线卷入扭断。

④ 草毡拉到最高处要及时停机,以防过紧或损坏轴架等。

(四)日光温室的其他技术

1. 保洁

光照是日光温室生产管理的主要环节,及时清除棚膜表面的灰尘、碎草等杂物,保持膜面清洁。清扫可根据具体情况而定,一般3~5 d清扫1次。

2. 张挂反光幕

温室内张挂反光幕是温室内人工补光采取的1项投入少,见效快,方法简便,节能,无污染,能显著改善地表与空中照度,提高收益的有效措施。张挂的方法是将1 m幅宽的反光幕用透明胶布粘接起来,成为2~3 m宽与温室长度相等的反光幕,悬挂在中柱处东西向的铁丝上。太阳光照到反光幕上以后,可以被反射到植株或地面上,改善光照条件。

3. 人工照明补光

在遇到连续阴雨天需进行人工补光时,每天应以4.3 W/m^{2}的照明补光18 h。所用的光源有荧光灯(100 W)、水银灯(350 W)、卤光灯(400 W)、钠蒸气灯(350 W)、LE天强光灯(省电、光照强、使用寿命长)等。

4. 增温

温度对设施果树的生产尤为重要,遇寒流降温天气,预计灾害天气可能出现的时候,夜间就要人工临时增温,以防发生冻害。常用的加温设施有以下几种。

(1)火炉

包括永久性的砖砌地炉和临时加温用的铁炉。燃料为煤,对加热用的煤炭要求不高,一般烟煤都能使用。使用时一定要安装烟囱,以免发生有毒气体对人或者果树的伤害。

(2)电热加温设施

有空气加热和地热加热2种方法,即把电热装置放于棚内或把电热毯埋于地表。

(3)热风炉

该设施通过输送加热后的空气来提高棚内的温度,优点是空气预热时间短、升温快、易操作、性能较好。但要注意出风口不要直接对着果树,以免高温烤伤树体。

5. 降温

在室温超过高限时就应及时进行降温。在春季，高温天气是经常出现的,所以应该加强春季的降温管理。降温管理主要是通过自然通风对流散热来降低室内的温度。通风量的大小主要根据温度状况确定,室内应装置温度计,以供随时观察温度变化,作为管理依据。

6. 气体环境

日光温室气体环境及其调控主要包括二氧化碳施肥等、预防产生有毒气体及有毒气体排放等。

7. 灾害性天气

日光温室的枣栽培主要在冬、春季节进行,生产过程中难免遇到天气反常等灾害性天气,若不及时采取措施,产量会遭受损失。灾害性天气有大风、暴风雪、寒流强降温、连续阴天和久阴骤晴。遇到大风天气,应及时检查,把草帘压牢,将被风吹开的草帘拉回原处,固定在底脚处,如用大石、木棒等进行固定。

下雪时一般温度不会太低,为防草帘被浸湿,可夜间放下草帘,白天及时扫除积雪卷起草帘,到下午清扫积雪后再放下,但外界温度太低的情况下不宜卷起草帘。

8. 土壤盐渍化

在设施条件下,因雨水淋洗作用轻、高温干旱使土壤深层养分上返、过量施肥、土壤黏重板结对盐分缓冲能力减弱等原因，使盐分浓度大大高于露地，土壤盐渍化程度加剧，因此必须采取措施预防设施内土壤盐渍化。

(1)增施有机肥,提高有机质含量

施充分腐熟的有机肥,提高土壤的有机质含量,增加土壤缓冲能力,是防止盐分积累、减轻盐渍化的根本途径。每亩设施枣树每年至少施用 3 000 kg 优质有机肥。

(2)合理施肥

设施栽培果树由于自然降雨的淋溶作用减轻,无机肥料(化肥)有效利用率提高,各种化肥的使用数量应较露地减少 1/2~2/3。同时注意选择无机肥的种类。硫酸铵、硫酸钾等肥料中的酸根离子不易被吸收而滞留于土壤中,引起盐分浓度上升。而磷酸铵、磷酸钾等肥料的离子吸收完全平衡,易被土壤吸附,不会引起土壤盐分浓度上升。

(3)及时揭膜,增加淋溶

不论春提前还是秋延迟的设施生产,在果实成熟或采收后,只要外界自然界条件允许,应及时揭膜放风,增加自然降雨的淋溶机会,以减少盐分积累。

(4)地表覆盖与合理灌溉

在温室内覆膜、杂草等减少地表蒸发。在枣果实发育季节,采用滴灌;枣采收后,每年 3~4 次大水漫灌进行土壤洗盐。

(5)在棚室附近挖排水沟

大水漫灌后让水流到排沟中,以排走土壤中过多的盐分。

(6)土壤改造

用肥沃新土换掉已盐渍化的土表浅层 0~15 cm 厚的旧土。改造时要注意保护果树根系,尤其是粗大根系。在施用有机肥时,每亩设施枣园每年使用50 kg 的硫磺粉或 700 kg 的脱硫渣(或石膏)可有效降低土壤的盐分含量。

二、枣树设施栽培技术

(一)品种的选择

1. 对果实的要求

选择果大、色泽艳丽、大小一致、果肉脆、糖分含量高、品质好、裂果率低的品种。

2. 对产量的要求

选择树矮、早果、丰产的品种。

3. 早熟品种

大王枣、七月鲜、早脆王、灵武长枣、梨枣、脆枣、金丝蜜、新金丝 4 号等。

4. 晚熟品种

冬枣、雪枣、骏枣、芒果冬枣等。

(二)栽培制度

1. 促早栽培

一般在 9 月下旬强制落叶,在 10 月上旬开始需冷量处理,在 12 月上旬开始升温,这样在 4—5 月即可上市。

2. 延迟栽培

用遮光或覆遮阳网等措施推迟开花结果,延迟鲜枣上市时间,一般在 12 月上市。

3. 一年两熟栽培

一年两熟栽培是早熟栽培、晚熟栽培与生长季强迫休眠、二次萌发技术的综合应用。二次果可在元旦前后上市。

(三)栽植形式

1. 南北行篱架栽植

适用于宽 7~8 m,高 2.5~3 m 的设施,一般采用南北行向,行距 2 m 左右,株距 1.5 m 左右,每亩栽 200 株左右,采用纺锤形整枝,利于规范管理,便于操作。

2. 东西行栽植

适用于南北宽 6.5~7.5 m,高 3~3.5 m 的温室。这样的栽植形式便于辅助机械的应用。东西行栽植,株距 1.5 m,行距 3 m,采用纺锤形或“Y”形整枝。树顶距离温室塑料薄膜的距离>50 cm。全部植株都处于最佳光照和温度条件下,能生产出高质量的优质枣果。

（四）栽植方法

栽植时根据预定的行向和株行距挖定植沟。定植沟深 80 cm、宽 1 m。

每亩施用充分腐熟的优质有机肥 10~15 m^3、复合肥 50 kg、饼肥 30~50 kg，与挖出的土混拌均匀填入定植沟内，然后浇水、沉实、整平。将生长健壮的枣苗按株行距栽好，然后覆膜。

（五）打破休眠

在设施栽培条件下，如果不打破休眠就升温，会发芽不整齐、生长结果不良、产量不高。在自然条件下，枣树 10 月中下旬开始进入休眠期。解除枣树休眠需经过 0~7.2℃低温 1 000~1 500 h。在早期升温的情况下必须采取人工方法打破休眠。

1. 温度处理

10 月下旬覆棚膜、盖保温被，让棚内白天不见光，降低棚内温度，夜间打开通风口，尽可能创造 0~7.2℃的低温环境，约 30~40 d 即可满足打破休眠所需的条件。

2. 化学处理

在温室升温开始以后，用 20%石灰氮（石灰氮：水为 20：80）的上清液进行喷布或涂抹枣树芽眼，可使枣树萌芽提早、发芽整齐。

3. 摘叶加药剂处理

为了尽快打破休眠，可采用秋季早摘叶药剂处理的方法。在 10 月上旬采收后，全树喷施 100 mg/L 的 S-诱抗素，5 d 后枣树全部落叶，促使枣树及早进行休眠。

（六）温度管理

大棚、温室内的温度管理是设施红枣生产的关键，它保证植株不受低温或高温的危害，满足枣树各个生长发育阶段对最适宜温度的要求，使之顺利完成整个生长过程，并能按计划生产出高品质的枣果。

1. 揭、盖棚膜

（1）盖膜

在秋季夜晚平均温度<7℃时，大约10月中下旬开始盖膜。在盖膜期间，要根据棚内温度变化的情况随时开窗或揭开部分薄膜放风，以调节棚内温度。

（2）揭膜

揭膜的时间一般要在枣果采收后立即进行。揭膜时，先揭去棚缘部分的薄膜，5~10 d后棚内气温与露地基本一致时，再将棚面的膜全部揭掉。

2. 揭、盖保温被

大棚盖膜后，棚内夜间气温<5℃时，要在夜间盖保温被保温，白天再将保温被揭开，使棚内气温继续维持在需要的温度水平上。

3. 升温催芽

枣树的自然休眠期一般要经历1~2个月。在12月上旬至1月上旬，大部分枣树的自然休眠结束，日光温室在此时即可揭保温被升温催芽，即9:00揭开保温被，15:00—16:00再盖上保温被，使棚内温度逐步提高。这样的升温催芽一般要经过30~40 d。

第一周，白天15~20℃，夜间5~10℃；第二周，白天15~20℃，夜间10~15℃；第三周以后，白天20~25℃，夜间20℃左右。有30 d左右的时间，芽眼便可萌发。特别需要注意的是，升温催芽不能过急，温度应该逐步提高，如果升温过高过快，地温一时上不来，根系活动还没开始，养分供应不上，将造成芽眼萌发不齐等问题。

为了提高棚内的地温，可在行间距植株1 m处挖深0.6 m、宽0.5 m的沟，在树下及沟上铺盖透明塑料薄膜，以达到提高地温以及保温的目的。

4. 萌芽至开花期的温度调控

萌芽至开花期的生长日数一般为35~45 d，若棚内气温上升缓慢，生长期的生长日数有时可延长到55~60 d。

(1)枣树新梢生长迅速期

白天的温度控制在25~30℃,夜间以15~20℃为宜。

(2)花期

白天控制在23~32℃,夜间18~20℃。

5. 果实发育期的温度调控

(1)幼果迅速膨大期

白天控制在25~33℃,夜间维持在18~22℃。棚内白天的温度<35℃。

(2)成熟期

白天控制在28~30℃,最高不超过33℃,夜间温度18~20℃。目的是增加树体的营养积累。为了提高果实中的糖分,可加大昼夜温差(10℃左右)。

(七)土肥水管理

1. 土壤管理

为了充分利用设施内的土地和空间,提高济效益,保护地枣树栽培多采用小株密植的形式以提高土地利用率，因此对棚内的土壤也提出了更高的要求。要求是有机质含量高,土层深厚、疏松、肥沃,通气性好,保水力强,排水好的砂壤土和壤土。

为了降低生产成本,降低枣果的裂果率,设施内地表全部覆膜,这样既有利于提高地温,保持土壤水分含量的相对稳定性,又降低除草的次数和用工量。

2. 肥料管理

(1)幼树

新梢长到约40 cm时,每亩施尿素10 kg、复合肥15 kg。

8月中旬以后，每15~20 d喷施1次0.2%磷酸二氢钾或者其他叶面肥，以促进养分回流。

9月下旬,每亩施充分腐熟的有机肥2 000~4 000 kg、复合肥15 kg、饼肥20~30 kg、硼砂1 kg、硫酸锌2 kg、硫酸亚铁2 kg。肥料与挖出的土充分混拌均匀后再施入。

(2)正常结果的枣树

温室升温后、发芽前,每亩施复合肥 20~25 kg、尿素 10~15 kg。

初花期,喷布 0.2%硼砂溶液+25 mg/L 赤霉素+氨基酸叶面肥,连喷 2 次。

谢花后至果实膨大期,每隔 15 d 喷施 1 次 100 mg/L 壳寡糖+氨基酸叶面肥,连喷 2 次。土壤追复合肥 20~25 kg、磷酸二铵 10~15 kg。

开始着色,追施硫酸钾 15~20 kg、过磷酸钙 10 kg,也可以在叶面喷施磷酸二氢钾等叶面肥料,促进果实着色,提高含糖量。

果实采收后,每亩施复合肥 20~25 kg、尿素 10~15 kg,以利于树体恢复树势。

10 月落叶前,施充分腐熟的有机肥 2 000~4 000 kg、复合肥 25 kg、发酵好的饼肥 20~25 kg,充分混拌匀后再施入。

3. 水分管理

设施枣树的水分管理非常重要,会影响枣树的生长发育,特别是对催芽、坐果和果实品质的影响较大,与生产绿色果品关系十分密切。

生长期,滴灌。在枣果采收后、基肥施用后、休眠前,要全棚内大水漫灌,这样有利于降低设施内土壤的次生盐渍化。

萌芽期,要求高温多湿的环境,需水量大,土壤含水量宜在 70%~80%,空气湿度保持在 70%~80%,这样枣树发芽快,萌发整齐。开始升温催芽时要灌 1 次透水,并在水分下渗后,松深约 10 cm 的土,整平,再铺上地膜(植株基部两边各铺 50 cm 左右,共宽 1 m 左右)保水,并可提高地温。

新梢生长期,为防止新梢徒长,利于花芽分化,要控制灌水,注意通风换气,使棚内的空气相对湿度保持在 60%~70%。

花期,为保证开花散粉的正常进行以及减少病害发生,要求空气相对湿润,否则易大量落花。要求花期土壤和空气中的水分含量变化小,并经常通风换气,使棚内的空气相对湿度保持在 50%~60%。

果实膨大期，为了促进果粒迅速增大，土壤含水量维持在 70%~80%，棚内空气相对湿度控制在 70%左右。

脆熟期，果实着色期直至采收期之前，要控制灌水，以利于提高果实的含糖量，促进着色，棚内的湿度应控制在 60%左右。

成熟期，成熟前 20 d 以内，控制土壤含水量，以促进成熟，防止裂果，棚内的湿度应控制在 60%左右。

采收后，结合施肥，要立即灌水，以促进树势的恢复。

休眠前，植株落叶后要灌 1 次水，以防冻害和冬季土壤干旱，使棚内的枣树植株安全越冬。

（八）树体管理

设施枣树的新梢管理与露地枣树的新梢管理大致相同，但应注意防止新梢徒长、生长不整齐等，以便稳定树势，提高产品质量。为了简化管理，建议采用自由纺锤形树形。

1. 抹芽和去萌蘖

去掉过强和过弱的新梢，保留生长适中的结果枝结果。但对有碍整形、徒长和无用的萌发新梢应尽早抹去，以节约养分。

在整个生长期，及时去掉根部萌发的萌蘖，减少树体养分的浪费。

2. 摘心

对枣头一次枝、二次枝或枣吊进行适时、适当的摘心可明显提高坐果率。

一般枣头，留 2~6 个二次枝进行摘心。

枣头基部第一、第二个二次枝，留 6~9 节摘心。

枣头中部第二、第三个二次枝，留 4~7 节摘心。

枣头上部第二、第三个二次枝，留 3~5 节摘心。

枣吊，留 15~20 cm 摘心。

木质化枣吊，留 30~40 cm 摘心。

3. 抹芽

枣树萌芽后，及时去掉无用的多余新芽。原则是留壮芽、抹弱芽，抹里芽、留外芽。

4. 拿枝

手握当年生枣头、一次枝、二次枝枝条基部，向下压数次，使枝条由直立生长变为水平生长。目的是缓和生长势，促进开花坐果。

5. 拉枝

用铁丝和绳子将直立的枝条拉成水平状态。目的是抑制顶端生长，积累养分，促进花芽分化，提早开花，当年结果。

6. 扭梢

枣头一次枝长到 80 cm 且未木质化时进行。扭梢部位距枝基部 50 cm，将当年生枣头一次枝向下拧转，使木质部和枝皮软裂而不折断，让枝条向下或水平生长。

7. 刻芽

在需要抽生主、侧枝的主芽上方 1 cm 处横刻 1 刀，深达木质部，刺激该处的主芽萌发。

8. 环剥

在开花前，用专用环剥刀在枝干基部进行环剥，宽度为 3~4 mm，露出粉白色韧皮组织即可。要求切口平整光滑，不伤木质部，伤口两端的韧皮组织仍紧贴木质部，不翘起漏缝，防止因切伤木质部而影响愈合。切口上缘要平滑，下缘向外稍坡斜，防止积聚雨水，以利于愈合。

环剥后 1 周，伤口连续喷涂 2 次久效磷或 25%灭幼脲 3 号 100 倍稀释液，2 次间隔 10 d 左右。若伤口逾期仍没有完全愈合，用地膜包裹保湿，以促进愈合。

（九）花果管理

1. 花期喷施赤霉素

盛花初期，当全树多数枣吊上有 5~8 朵花开放时，喷布 1 次 25 mg/L 赤霉素+0.1%硼砂+50 mg/L 壳寡糖。

2. 疏花疏果

（1）疏除过密枣吊

平均 1 个枣股留 1~3 个枣吊，对 30 cm 长的枣吊进行摘心。

（2）疏果

幼果坐稳后进行疏果，每个枣吊留 3~4 果。

3. 防止日灼

果实转色期空气温度高，可利用遮阴网、浇水、喷水、加强通风等措施防止高温日灼。

4. 防止采前落果

白熟后期及果实成熟前 10~15 d，各喷 1 次 50 mg/L 萘乙酸或萘乙酸钠溶液，防止采前落果。要求果面、果柄全面着药。

5. 防止裂果

地表覆盖结合滴灌，使土壤含水量保持在 70%~80%。

合理采用遮阴网，调节通风口大小，稳定温室内的空气湿度。

从脆熟期开始，每隔 15 d 喷 1 次 0.03%氯化钙水溶液，直到采收。

（十）采收

1. 采收时期

脆熟期是鲜食品种的最佳采收时期。此时期也是鉴评该品种鲜果品质的标准时期。

此时期枣果从果皮开始着色转红到果皮全红，果肉糖分迅速增大。此时期末多数品种可溶性固形物含量达到 30%~36%，维生素 C 含量稍有下降，果肉汁液渐增，果胶含量较高，果肉呈绿白或乳白色，细脆，鲜食脆甜，口感最佳。

2. 采收方法

采用人工手摘的方式。根据鲜食、贮藏、运输等对成熟度的不同要求分期采收。要求保留果柄，轻摘、轻放。采收过程中，必须戴手套，避免划伤和碰裂果实；盛果器具内壁要柔软，尽量避免对果实产生机械损伤。

3. 选果与分级

枣果采收后，要立即按照枣果的分级、包装要求进行挑选，在平坦、洁净、通风的地方进行，地表铺垫物要柔软、平滑。

去掉树枝杂叶，拣出有病虫害、畸形、个头过小、成熟度低于要求的果实。用专用红枣分选机进行大小分级，但要预防碰裂枣果或产生其他机械损伤。对大小分级后的枣果再进行成熟度分级。

(十一)病虫害防治

1. 清园

在萌芽前要刮除树干老皮，清扫全棚内的枯枝、落叶等杂物。

2. 休眠期杀虫灭菌

在落叶后和萌芽前，全棚各内喷 1 次 3~5 波美度石硫合剂，以消灭越冬虫卵和病菌孢子。

3. 生长期病虫害防治

① 棚内设置杀虫灯、粘虫板、粘虫胶以诱杀枣黏虫。

② 使用吡虫啉等内吸性杀虫剂，防治枣步曲、枣黏虫和枣瘿蚊等虫害。

③ 树盘喷洒辛硫磷颗粒并浅锄 1 次，防治桃小食心虫等虫害。

④ 用农用链霉素水溶性粉剂或嗜中菌素可湿性粉剂+甲基托布津，防治细菌性结痂、早期脱落等病害。

⑤ 幼果期喷洒多菌灵、代森锰锌等杀菌剂，防治枣树黑斑病、炭疽病、腐烂病、果实萎缩病等。

第八章　枣树病虫害防治

一、常见枣树病害种类及其防治

（一）枣锈病

1. 症状

主要发生在叶片上，是叶片重要病害之一，严重时果面也出现病斑和孢子堆。

发病初期，叶片背面散生淡绿色小点，后渐变成淡灰褐色，最后为黄褐色。

受害严重的树株，8—9 月全树叶片落尽，果实不能正常成熟，产量锐减，树势减弱。

2. 发病规律

病菌以夏孢子在落叶中越冬，有时也能以菌丝在芽中越冬，翌年侵染发病。当年产生的夏孢子借风雨传播，不断侵染植株。

6 月下旬至 7 月上旬雨水多、湿度高时，夏孢子开始发芽侵入叶片，7 月中下旬开始发病并少量落叶，8 月中下旬开始大量落叶。

发病与气候有关，多雨高湿是枣锈病发生流行的重要条件。雨季早，多连阴天，导致发病早而重；雨季晚，降雨少，导致发病晚而轻。

发病时先从树冠下部开始，逐渐向上蔓延，叶片不论老嫩均可发病。

3. 防治方法

① 消灭越冬菌源。春季发芽前彻底扫除落叶、枯枝等，并集中深埋或烧毁。

② 药剂防治。重点防治时间为 7 月上中旬和 8 月上旬，连喷 2 次即可有效防治。使用药剂为 1 : 3 : 200 倍波尔多液（1 kg 硫酸铜、2~3 kg 生石灰、

200 kg 水）、1 000~1 200 倍液粉锈宁、1 500~2 000 倍液粉锈灵、50%多菌灵 800 倍液或 50%克菌丹 500 倍液。

（二）枣疯病

1. 症状

枣疯病是 1 种病毒性病害，主要寄生在枣和酸枣上。此病在一些枣区造成毁灭性损失。

枣树染病后，主要表现为花器返祖和枝芽不正常萌发生长。花柄变长，为正常花的 3~6 倍。萼片、花瓣、雄蕊和雌蕊反常生长，变成浅绿色小叶，1 朵花变成 2~3 cm 的小枝，1 个花序变成 1 丛小枝。

枝芽 1 年多次萌生细小枝叶，形成稠密的枝丛。叶片黄绿，干枯后，冬季不脱落。根部发病后，萌生的根孽也呈稠密的丛枝状，后期根皮腐朽死亡。

枣疯病的发生，一般先是部分枝条和根孽上出现症状，后逐渐扩展至全树。幼树发病后一般 1~2 年枯死，大树染病后一般 3~5 年逐渐死亡。

2. 发病规律

病原主要由中国拟菱纹叶蝉、凹缘菱纹叶蝉等叶蝉类害虫传播。

病树通过嫁接传染。幼树嫁接病树后，潜育期最短 25~31 d，最长 372~382 d。

种子、花粉和土壤不传病。

3. 防治方法

① 铲除病树。一旦出现枣疯病症状，立即刨除病树及病孽，彻底清除枣园及附近的传染源。

② 选择无病母株采集接穗。

③ 减少传病媒介。5 月上旬枣树发芽至展叶期，中国拟菱纹叶蝉等传毒害虫第一代成虫进入羽化盛期，可对枣园及其附近的其他果园和林木喷布来福灵、高效氯氰菊酯等，进行大面积防治，减少传毒昆虫。

（三）枣铁皮病

1. 症状

枣铁皮病是侵害枣果实的 1 种病害。此病因地方不同而叫法各异，俗称铁焦、黑腰子、干腰子等。

枣铁皮病在果实白熟期开始出现症状，初期在果实中部至肩部出现水浸状黄褐色不规则病斑，病斑不断扩大，并向果肉深处发展，病部果肉变为黄褐色，味变苦。

该病常表现为突发性和爆发性，尤其是在发病期遇雨后的 3~5 d，病情突然加重。

2. 发病规律

枣铁皮病系真菌侵染病害。病原菌主要在树皮、枝条及落叶、落果、枣吊上越冬。

从花期开始侵染，9 月上中旬为发病高峰期。

3. 防治方法

① 清除落果、落叶并集中烧毁。

② 早春刮树皮。刮完树皮后，在萌芽前喷 3~5 波美度石硫合剂。

③ 落花后，每隔 10~15 d 喷 1 次 800~1 000 倍多菌灵或 600~800 倍大生 M−45 可湿性粉剂。

（四）枣疮痂病

1. 症状

该病为细菌性病害，主要危害枣吊、叶片、果实、嫩梢，导致枣吊开裂、生长点破坏、落叶、落花、落果。

初期枣吊出现纵向条状裂痕，后期发病部位失水开裂，造成营养输送受阻，花蕾脱落，坐不住果。

6 月叶片开始发病，叶背出现不规则片状失绿斑，叶片向叶面卷缩，上布黑锈色斑点，叶缘干枯，严重时大量落叶。

幼果期开始侵染果实，白熟期才显现病症，受害果面出现黑斑点，严重时病斑聚合成片。枣吊嫩梢受害后呈焦枯状。

2. 发病规律

病菌借风雨传播侵染。

发病高峰在初花期到幼果期，发生轻重与枣萌芽至幼果期的降雨量和刺吸式口器害虫（如绿盲蝽象、叶蝉等）数量多少有直接关系。

3. 防治方法

① 科学疏枝修剪，清除园内枯枝、落叶。

② 在枣萌芽前全树喷 3°~5°石硫合剂，消灭越冬菌源。

③ 4 月中下旬及时防治绿盲蝽象、叶蝉等害虫。

④ 现蕾期喷 2%春雷霉素水剂 600~800 倍液、寡糖—乙蒜素 2 000 倍液。

（五）枣红皮疱斑病

1. 症状

枣红皮疱斑病又叫枝干腐烂病，主要危害幼树主干和 1~2 年生枝条，导致枣树系统发病，树衰、落叶、落花、落果。

初期，病枝表皮颜色发黄变软直至变红，呈凸起状。失水后则干腐，稍凹陷，韧皮部与木质部分离，渐渐枯死。

后期，在枯枝上从枝皮裂缝处长出黑色突起小点，导致同侧枝条生长衰弱或死亡，严重的则环绕树干 1 周，植株死亡。

2. 发病规律

该菌为弱寄生菌，以菌丝体在病枝上越冬。

翌年发芽时，先从嫁接口、剪锯口、坏死伤口、树枝分杈部位等处侵染，经伤口侵入，通过风雨和昆虫传播，逐渐侵染活组织。

枣园管理粗放，树势衰弱的大树和幼树易发病。

3. 防治方法

① 加强管理，科学施肥，增强树势，提高树体抗冻、抗病能力。

② 合理修剪，彻底剪除病枝，集中烧毁，消灭越冬菌源。

③ 冬季树体涂白。直接购买树干涂白剂或自制涂白剂（生石灰 1.5 kg、20°石硫合剂 0.5 kg、食盐 0.5 kg、油脂 50 g、水 4.5 kg 搅拌均匀即可）涂抹树干。

④ 春季萌芽前、刮除老病斑后，用防治枝干腐烂病的药剂，如 45%代森铵 5~10 倍液涂抹。

（六）枣炭疽病

1. 症状

该病为真菌性病害，主要危害果实和叶片，果实受害较重，造成大量落果。

染病后果实着色早，果面上出现浅黄色水渍状斑点，逐渐扩大为不规则黄褐色斑块，病斑连片，中央呈圆形凹陷变褐色。湿度大时病果表面产生红褐色黏质物，后变为小黑点，病果斑下果肉为褐色，质硬味苦，枣核变黑。

叶片只在果实采收后染病，叶面出现不规则枯斑。

2. 发病规律

病菌在病果、枣吊、枣头中越冬。

翌年条件适宜时产生分生孢子，借风雨传播，反复侵染。

一般 7 月中旬至 8 月中旬发病，发病早晚与降雨早晚有关，遇干旱年份则发生轻或不发生。

3. 防治方法

① 合理修剪，加强肥水管理，增施有机肥，增强树势，提高树体抗病力。

② 冬、春季彻底清除枯枝、落叶、落果等病残体，集中烧毁，消灭越冬菌。

③ 6 月下旬至 8 月中旬是防治枣炭疽病的关键时期，可喷施 40%咪鲜胺 1 000 倍液或 10%苯醚甲环唑 2 000 倍液，连喷 2~3 次。

（七）枣缩果病

1. 症状

缩果病又叫束腰病，为细菌性病害，主要危害果实，造成早期落果，致使严重减产。

病果一般经历晕环、水渍、变色、萎缩和脱落几个阶段。整个病果瘦小，于成熟前脱落，有的在水渍期或者着色期就提前脱落。

初期，在果肩或胴部出现黄褐色晕环病斑，环内略凹陷，病斑逐渐转呈水渍状、土黄色，边缘不清晰。后期，果皮为暗红色无光泽，失水皱缩，果柄黄色，果肉由外向内出现褐色斑，土黄色松软，味苦。

该病往往与炭疽病同时发生，区分 2 种病果，主要看枣核是否发黑。

2. 发病规律

该病源主要以盲蝽象、蚜虫等刺吸式口器害虫危害的伤口侵入为害，借昆虫、雨水和灌溉水传播。

果实白熟末期，梗洼着色变红时开始显现病症，果实白熟末期至着色前期是发病高峰期。

发病轻重与果实发育期的气候因素密切相关，此期若遇连续阴雨或夜雨昼晴常暴发。

3. 防治方法

① 加强管理，合理修剪，增强树势，提高树体抗病力。

② 及时防治刺吸式口器害虫，如绿盲蝽、叶蝉等。

二、常见枣树虫害种类及其防治

（一）枣瘿蚊

1. 症状

枣瘿蚊又名枣叶蛆，广泛分布于我国华北、西北、华东各个枣区。寄主有枣和酸枣。

幼虫危害尚未完全展开的嫩叶。受害嫩叶呈浅红或紫红色肿皱的筒状，不能伸展，质硬而脆，最后变黑枯萎，每个卷叶内常有数个甚至 10 多个幼虫。

此虫第一代发生时，正值枣树发芽展叶时。大量发生，会严重影响结果枝抽生、展叶、开花、结果。枣苗和幼树因枝叶生长期长，受害常较大较重。

2. 发生规律

1 年发生 5~7 代。以老熟幼虫在土内结茧越冬，翌年 4 月中下旬开始活动。

枣树发芽期幼虫开始危害，5 月上旬进入危害盛期，每张卷叶内有 2~3 个甚至 10 多个幼虫。5 月中旬被害叶逐渐焦枯脱落。

幼虫老熟后入土化蛹，6 月上旬羽化为成虫。全年有 5~7 次明显的危害高峰发生，在少数生长旺的树上，10 月上旬仍有危害。

幼虫期和蛹期平均 8~9 d。成虫羽化后十分活跃，寿命很短，仅 2 d 左右。

3. 防治方法

4 月发芽期、5 月幼虫卷叶危害期，轮换使用药剂，以控制虫害。5%土达乳油 1 500 倍液、25%灭幼脲 3 号 2 000 倍液，每 15 d 喷 1 次，连续喷 2~3 次。

（二）盲蝽象

1. 症状

危害严重的盲蝽象主要有绿盲蝽、半点盲蝽等种，发生时间和危害症状大致相同。

危害枣、酸枣、苹果、梨、桃、棉花、豆类、麦类等多种植物。

以成虫、若虫危害寄主幼芽、嫩叶和花蕾。发芽期受害，幼芽迟迟不长，甚至枯落，造成全树发芽迟缓不齐。嫩芽、嫩叶受害，先出现枯黄小点，随叶片生长展开，小点扩大成不规则的孔洞。花蕾受害即停止发育而枯落。受害严重的树，幼果大部分或全部脱落，造成绝产。

该虫发生隐蔽而突然，不易觉察，危害严重，面积广，因此要加强警惕，严防发生虫害。

2. 发生规律

北方 1 年发生 3~5 代。以卵在枝干皮缝、杂草或浅层土中越冬。

3 月底 4 月初，日平均气温达到 10℃以上，相对湿度 70%左右时卵开始孵化。4 月枣树发芽时上树危害,发芽到幼芽展开前危害最重。5 月上旬开始羽化为成虫。5 月中旬后,枣树嫩叶渐少,迁回间作物、杂草危害。

第二代、第三代、第四代、第五代成虫大体在 6 月上旬、7 月中旬、8 月中旬和 9 月底出现。因成虫寿命长,产卵期 30~40 d,故发生期不整齐,世代重叠。成虫活泼,清晨和傍晚活动取食最盛。飞翔力较强,稍受惊动,迅速爬迁,不易发现。

成虫羽化后 6~7 d 开始产卵,非越冬卵多散产于嫩叶、嫩茎、叶柄、叶脉、苞叶等组织内,外露卵盖,卵期 7~9 d。第一代、第二代一般在蔬菜等较嫩的茎叶上危害,6 月中旬以后主要危害棉花、荞麦、豆类,秋后以末代卵越冬。

绿盲蝽第一代发生与湿度密切相关。相对湿度 65%以上时,越冬卵才能大量孵化。

3. 防治方法

① 春季萌芽前铲除杂草,清除田间残枝,消灭越冬虫卵。

② 枣树发芽期,对枣园、间作物喷布菊酯类农药 2~4 次。

(三)枣黏虫

1. 症状

枣黏虫又名卷叶蛾,属鳞翅目小卷叶蛾科。寄主有枣和酸枣,在各枣区危害严重。

幼虫食害叶片和果实,展叶时幼虫吐丝缠缀嫩叶,躲在其中食害叶肉,轻则将叶片吃出大小缺刻,重则将叶片吃光。

花期幼虫钻在花丛中,吐丝缠缀花序,啃食花蕾,咬断花柄,造成枣花枯死。

幼果期蛀食幼果,造成大量落果而减产,危害严重时甚至绝产。

2. 发生规律

1 年发生 3~4 代,以蛹在主干和主枝粗皮裂缝、树洞等处越冬。越冬蛹在树体上的分布为主干占 75%,主枝占 23%,侧枝仅占 2%。

翌年 3—4 月成虫羽化。4 月中旬至 5 月中旬枣树发芽至展叶生长期，发生第一代幼虫。幼虫先啃食新芽嫩叶，稍后即吐丝缠卷叶片成饺子状，做包藏于其中食害，并啃食蕾、花。5 月上中旬危害最重，老熟幼虫在卷叶内作茧化蛹。

成虫具有强烈的趋光性、趋异性和趋化性，以活雌蛾性诱效果最好。

主干成虫虫口密度最大，主枝次之，侧枝较少。

卵产于结果母枝、嫩芽或光滑小枝上。第一代卵主要产在光滑小枝上，且以 2~3 年生枝上落卵较多。第二、第三代卵主要产在叶片上，并以叶面为主，卵期 10~25 d。

第一代成虫发生在 5 月下旬至 7 月上旬。

第二代幼虫发生在 6 月上旬至 8 月上旬，不仅危害叶片，而且危害花、幼果，造成落蕾、落花、落果。第二代成虫发生在 7 月中旬至 8 月中旬。

第三代幼虫发生在 7 月下旬至 10 月中旬。雌幼虫主要危害叶片和果实。幼虫除吐丝粘叶外，还以丝粘连叶、果，啃食果皮或钻入果肉、树皮缝隙、树洞等处，作茧化蛹越冬。

3. 防治方法

① 9 月上旬以前，在树干分叉处绑厚 3 cm 以上的草把，翌年解下草把，刮除贴在树皮上的虫茧、老树皮，迅速深埋或烧毁。

② 发芽期喷洒 25%溴氰菊酯 2 000~3 000 倍液、10%氯氰菊酯 2 000~3 000 倍液。

③ 5 月上旬喷洒第二次菊酯类杀虫药。此时期也是防治的重点时期。

④ 5 月上旬至 5 月下旬摘除虫包叶。

⑤ 6 月下旬喷 2~3 次菊酯类杀虫药，防治第二代幼虫。各种农药轮换使用，防止发生害虫抗药性。

⑥ 用黑光灯诱杀成虫。每 10~15 行树设置 1 行，每 200~300 株树设立 1 盏，在第一代成虫发生期开灯诱杀。

（四）枣尺蠖

1. 症状

枣尺蠖又名枣步曲，俗称弓腰虫，属于鳞翅目尺蠖蛾科。危害枣、酸枣、桑树、苹果等植物。

枣树萌芽吐绿时，初孵幼虫啃食害嫩芽，蚕食叶片。后期转食花蕾。严重年份，将枣芽吃光，造成大量减产。

常将叶片吃成大大小小的缺刻。严重发生时，全树叶片和花蕾常被吃尽，造成绝产。

2. 发生规律

1 年发生 1 代，以蛹在枣树树干附近的地下 10~15 cm 深处越冬。

3 月上旬开始羽化成虫出土，4 月中旬为羽化盛期，4 月下旬羽化终止，前后长达 50 d。

雌虫羽化出土后，多在傍晚和夜间上树与雄虫交尾。交尾后 1~2 d 产卵于枝头嫩芽、枝杈或枝干裂缝处。4 月中旬卵开始孵化，一直延续到 5 月中旬。5 月下旬至 6 月中旬，幼虫陆续老熟入土化蛹。

3. 防治方法

① 秋冬土壤翻耕灭蛹。

② 羽化前，在树干基部缠绑塑料薄膜，宽约 6 cm，距地 20~60 cm，阻止雌蛾上树产卵，每天早晚组织人力在树下捉蛾。

③ 4 月中旬，对缠绑部位以下的树干刮翘皮涂药泥、喷杀虫剂，消灭卵和孵化的幼虫。

④ 4 月下旬至 5 月上中旬幼虫大量孵化后，每隔 7~10 d，连续喷布 2~3 次 75%辛硫磷 800~1 000 倍液，或喷布 0.5%溴氰菊酯 3 000 倍液等杀虫剂。

（五）红蜘蛛

1. 症状

危害枣树的红蜘蛛主要是朱砂叶螨等。以成、若螨危害枣树叶片和幼嫩部位。严重发生时,造成早期落叶和落果,影响树势及产量。

2. 发生规律

北方枣区1年发生12~15代,南方枣区发生18~20代。

以雌螨越冬,4月下旬开始活动,5月下旬以前主要在杂草、枣根孽和间作物中危害,5月中下旬大量上树,6—8月危害最重。高温干燥是螨虫猖獗危害的主要条件。

以两性生殖为主,也可孤雌生殖。每只雌螨每日产卵6~8粒,一生产卵50~150粒。

3. 防治方法

① 春季萌芽前,刮除老树皮,喷3~5波美度石硫合剂,消灭越冬螨。

② 5月中下旬喷洒1遍20%螨死净胶悬剂2 000倍液,可有效控制全年红蜘蛛的发生。

③ 6月下旬至7月上中旬,虫口密度达到0.5只/叶时,喷布20%扫螨净2 000倍液或三环锡可湿性粉剂2 500倍液等杀螨剂。

(六)枣叶壁虱

1. 症状

枣叶壁虱又名枣锈壁虱、枣锈叶瘿螨。危害枣、酸枣、杏等植物。以成虫、若虫危害叶、花和幼果。

叶片受害后,基部和沿叶脉部分先呈灰白色,发亮,后扩展至全叶,叶片加厚变脆,沿叶脉向叶面卷曲。后期叶缘焦枯,轻者坐果率低,重者只开花不结果。受害严重的树会绝产,对产量和果实品质影响很大。

蕾、花受害后渐变为褐色,干枯脱落。

果实受害后出现褐色锈斑,甚至引起落果。

2. 发生规律

以成虫或若虫在芽鳞内越冬,翌年枣萌芽期开始活动,危害嫩芽。展叶后多群聚于叶基部、叶脉两侧,刺吸叶汁。

5 月中旬开始产卵,5 月下旬卵量最多,并伴有若虫。5 月下旬到 6 月中旬危害高峰期,每叶有螨 100 只以上,多者达 500~600 只。7—8 月虫口渐少,开始转入芽鳞缝隙越冬。

每次降中到大雨后,发生数量明显减少。

3. 防治方法

① 展叶后及时喷布 1~2 次杀螨剂,间隔期为 15 d。

② 防治关键期为 5 月中下旬至枣树开花以前。

③ 5 月下旬卵量最多时，喷布 20%螨死净或 20%扫螨净 2000 倍液等杀螨剂,可杀灭大多数卵和若螨,能基本控制全年危害。

(七)龟甲蚧

1. 症状

龟甲蚧又名日本龟甲蚧、龟蜡蚧,俗称树虱子。危害枣、苹果、梨、柿、杏等植物。

以若虫和成虫固着在枣树叶片与 1~2 年生枝上，刺吸树液，并喷出黏液,引起煤污病菌寄生,使叶面和果面染上 1 层黑霉,影响光合作用,致使被害植株生长缓慢或停止生长,树体衰弱,大量落果。

发生严重时,造成严重减产甚至绝产,还可引起植株部分或整株死亡。

2. 发生规律

1 年发生 1 代,以受精雌虫在 1~2 年生枝上越冬,当年生枣枝上最多。

越冬雌虫于翌年 3 月下旬树液流动时继续取食危害。5 月底至 6 月初开始产卵,至 7 月中旬结束,产卵期长达 50 d。

卵期 15 d 左右,6 月中旬逐渐开始孵化,6 月下旬至 7 月上旬为孵化盛期,7 月底结束。卵孵化盛期比较集中,7 月上半月孵化出壳率可占总数的 70%~80%。因此,6 月下旬至 7 月上旬是喷药防治的关键时期。

孵化的若虫从母虫下爬出时呈水红色,然后爬至叶柄、叶面。孵化后 7~8 h 即分泌蜡液,1 周左右被满蜡,约 10 d 虫体被变成白色蜡层,形成蜡层后再喷药防治效果不佳。因此,在孵化虫体未被蜡前喷药防治效果最佳。

8 月上旬至 9 月下旬雄虫在蜡壳下化蛹。8 月底、9 月初为化蛹盛期,蛹期 15~20 d。9 月上旬至 10 月上中旬受精雌虫陆续由叶片转移到枝上固定越冬。雄虫不回枝,冬季死亡。

3. 防治方法

① 秋季落叶后至翌年萌芽前可用刷子或木片除去越冬雌成虫,配合枣树修剪,剪除虫枝。也可喷布或涂抹 5%机油乳剂,消灭越冬成虫。

② 在产卵期喷布苏云金杆菌等生物农药进行防治。

③ 6 月下旬至 7 月上旬为虫卵孵化盛期,是使用农药防治的关键时期,间隔 10~15 d 连喷 2 次吡虫啉等内吸性农药 3 000 倍液可有效防治。

(八)桃小食心虫

1. 症状

危害枣、苹果、梨、桃、山楂等果树。

幼虫危害枣果,在果内绕核串食。虫粪留在果内,被害果容易脱落。发生严重时落果率达 90%,造成减产,降低果实经济价值,为北方枣区危害枣果的重要害虫。

2. 发生规律

北方枣区 1 年发生 1~2 代,以老熟幼虫在树干周围 3~10 cm 土层中或杂草根下吐丝缀合土粒作扁圆形茧越冬。越冬茧在 4~7 cm 土层内分布较多,占总数的 89%左右。

越冬幼虫在 5 月气温上升到 20℃左右,土壤含水量达 10%以上时开始出土。出土盛期与降雨密切相关,雨季来临早,出土盛期提前。每次降雨数天后常出现 1 次成虫高峰期。干旱年份出土晚且数量少,危害轻。

6—7 月越冬幼虫在地表缝隙、土块下或杂草上作夏茧化蛹,蛹期 8~12 d。6 月中下旬开始出现成虫。成虫白天静伏枝叶上,夜间交尾,卵产于叶背基部或果实梗洼、顶洼、果面伤痕处。7 月为产卵盛期,卵期 7 d 左右。

幼虫孵化后在果面上爬行，然后蛀入果内危害。蛀果时不食果皮。

7 月中旬至 9 月中下旬枣果采收结束均为蛀果期。幼虫无转果危害习性，一虫一生只害一果。蛀果部位以近果顶处最多，蛀孔较小，孔缘呈淡褐色。蛀果绕核串食，虫粪积存于果内。8 月至 9 月底开始有老熟幼虫脱果。

第一代幼虫脱果后大部分入土作茧越冬，少数作夏茧化蛹，从而发生第二代幼虫，再次蛀果危害。

第二代幼虫多在 9 月老熟，从树上果内脱出，入土作茧越冬。

3. 防治方法

① 越冬幼虫出土期在地面撒药，在距树干 1 m 范围内的地面浇灌 50%辛硫磷 500 倍液，等药渗干后楼耙 1 遍，药均匀分布于表土中，杀死出土幼虫。

② 7 月至 8 月下旬产卵蛀果期，每半个月喷洒 1 次杀虫剂，共喷 3~4 次，虫果率可控制在 5%以下。用药为 25%溴氰菊酯乳剂 2 000~3 000 倍液，20%桃小灵乳油 2 000 倍液，或吡虫啉、来福灵、功夫、氯氰菊酯类农药 2 000~3 000 倍液。

(九)食芽象甲

1. 症状

食芽象甲又名小灰象真虫。成虫危害枣树嫩芽、幼叶。发生严重时将全树嫩芽吃光导致枣树二次萌芽，严重影响树势，造成减产。

2. 发生规律

1 年发生 1 代，其幼虫在土壤中越冬。

4 月上中旬开始化蛹，蛹期 12~15 d。成虫羽化后 4~7 d 开始出土。5 月上旬田间出现成虫，5 月中旬为成虫盛发期，5 月中下旬为产卵盛期。成虫具有假死性和趋光性。5 月下旬卵开始孵化，幼虫落地入土后食害农作物和杂草根系。

幼虫老熟后在土内越冬。

3. 防治方法

① 春季成虫出土前在地面喷洒 50%辛硫磷乳油 500 倍液。

② 成虫上树后在树上喷速灭杀丁乳油 2 000~2 500 倍液等触杀性杀虫剂。

(十)黄刺蛾

1. 症状

黄刺峨为杂食性害虫,寄主很多。除枣树外,还危害苹果、梨、桃、杏、山楂、花椒、柳、杨、榆、槐等。

幼虫从叶背食取叶肉,留下叶柄和叶脉,将叶片吃成网状,严重时会把叶片吃光。

2. 发生规律

1 年发生 1 代,以老熟幼虫在小枝的分杈处,主、侧枝,树干的粗皮上作茧越冬。

成虫于翌年 6 月中旬出现,在叶背产卵,常连成一片。

幼虫于 7 月中旬至 8 月下旬发生危害。

3. 防治方法

幼虫发生期喷洒溴氰菊酯乳油、吡虫啉、来福灵、功夫、氯氰菊酯类农药 2 000~3 000 倍液。

(十一)灰暗斑螟

1. 症状

灰暗斑螟俗称枣树枷口虫。以幼虫危害枣树枷口,枷口处有褐色粪粒和缠绕丝,造成枷口不能完全愈合或全部断离。被害树树势衰弱,枝条枯干。

2. 发生规律

1 年发生 4~5 代。以老熟幼虫在树体内越冬。

幼虫在枣树环剥后 5~7 d 开始从枷口处蛀入为害, 沿枷口取食愈伤组织,取食一部分或 1 周后沿韧皮部向上取食为害。

3. 防治方法

① 人工刮除被害枷口老皮、虫粪及主干上的老翘皮，集中烧毁，消灭越冬虫源。

② 5 月上中旬第一代幼虫危害期，结合防治其他害虫，进行树干喷药。

③ 枣树开枷 3~4 d 后，用 40%毒死蜱 100 倍液药剂涂抹枷口。注意抹药前先检查枷口，若发现虫粪，立即剔除枷口虫，刮除腐烂组织，清理干净后再抹药。

三、枣园病虫害生态型综合防治

果树病虫害是果树生产管理过程中重要的灾害之一，每种病虫害又都有各自的天敌生物制约着它的繁殖和危害，因此充分利用枣园内生物群落间相互制约、相互依存的生态平衡关系，对有效控制枣树病虫害，减少农药用量，提高果品质量，实现枣园安全、生态和可持续生产具有重要意义。

（一）增加植被多样化，改善生态环境

枣园中的植被多样化可增加天敌的食料，从而增加天敌的种类和数量，也为天敌提供了转换寄主、繁殖和越冬的场所。

1. 枣园生草

枣园行间种植紫花苜蓿、黑麦草、白三叶、花生、豆类或者自然生草，可为天敌提供活动、繁殖的良好场所，当喷施农药和杀虫剂时，天敌生物可得到一定的隐蔽保护场所。

2. 种植蜜源植物

枣园内种植油菜等蜜源植物，可为食蚜蝇、寄生蝇和一些寄生蜂提供花蜜和花粉，有利于天敌提高产卵量或寄生率。

3. 建造防护林

在枣园的周围种植乔灌结合的防护林，园内路旁或果园周围适当保留一些杂草或小麦、玉米等农作物，可招引天敌取食、寄生等。

当枣园内害虫种群数量增加时，天敌也会因食物的增多而大量迁入枣园，控制虫害。当枣园害虫种群数量下降、寄生昆虫缺少或喷施农药时，四周的防护林、杂草、作物等可以成为天敌的庇护场所。如草蛉、小花蝽、瓢虫等的天敌可在麦田和果园之间迁移，赤眼蜂可在玉米田和果园之间迁移。

（二）采取合理措施，保护越冬天敌

1. 清园

一般在萌芽前进行，此时天敌已出蛰活动。害虫未活动前，对枣园内的杂草、树叶、树皮、枯枝等进行清扫深埋或烧掉。

2. 刮树皮

春季害虫尚未出蛰、天敌出蛰或羽化时，与清园结合进行，达到既消灭害虫，又保护天敌的目的。将刮下的树皮放在粗纱网内，待天敌出蛰后再将树皮烧掉。

3. 绑草把

秋末天敌发生量大时，可在树干基部绑草绳、草把或布条等，除可诱集梨小食心虫、桃蛀螟等害虫外，还可吸引许多天敌（如小花蝽、食螨瓢虫等）在其中安全越冬。待翌年春季天气转暖后解下，放在背风处让天敌飞走再烧掉或深埋。

4. 园内堆草

秋末可在果园内零星堆草或挖坑堆草，人为创造越冬场所，供蜘蛛、瓢虫、步甲等天敌栖息，使其安全越冬。待翌年春季天气转暖天敌飞走后，再烧掉或深埋。

5. 处理虫果、虫枝、虫叶

虫果、虫枝、虫叶及时摘下，保存于大纱网中，待天敌羽化后放入果园，再全部烧毁。

（三）改进农药使用技术

1. 使用有选择性杀伤力的农药

使用农药是防治果树病虫害必须采取的措施之一，在杀灭害虫的同时，对天敌也具有一定的杀伤力，但对天敌杀伤力的效果不一。

（1）化学农药

有机磷、氨基甲酸酯类杀虫剂对天敌毒性最大，其次为拟除虫菊酯类农药，昆虫生长调节剂对天敌比较安全。

（2）生物源农药

微生物源农药对天敌比较安全，农抗类农药对天敌的影响略大。

（3）常用安全农药

杀虫剂：灭幼服 3 号、杀蛉脲、卡死克、吡虫啉、扑虱灵、机油乳剂、苏云金杆菌、白僵菌等。杀螨剂：阿维菌素、浏阳霉素、螨死净、尼索朗、哒螨灵、硫悬浮剂等。

选择农药时，优先选择生物源农药，其次是高效、低毒、残效期短且对天敌杀伤力较小的农药。

2. 改进施药方式

（1）传统方式

目前，我国枣园主要采用喷雾方式。此种方式对害虫具有很强的杀伤力，施药效果好。但是农药喷雾对天敌也同样具有较大的杀伤力。

（2）多种施药方式相结合

① 根据害虫的生物学习性，多种施药方式相配合，避免或减少对天敌的杀害。

② 地面施药防治桃小食心虫类害虫，可减少树体喷药防治次数。

③ 树干涂药防治蚜虫和许多介壳虫，对天敌基本无伤害。

④ 通过枣园虫情调查，进行局部或重点园片防治。

3. 以预防为主,调整防治时期

(1)记录病虫害发生规律

同一枣园每年的病虫、天敌发生以及防治都具有一定的规律性。每年要观察记录病虫害、天敌的发生及发展时期,应在害虫发生初期进行防治,以防为主,以治为辅,避免病害、虫害严重时再施药控制。

(2)关键时期防治

根据病虫害的发生规律,确定防治关键时期。

(3)避免使用广谱性农药

病虫害发生高峰期一般也是天敌大量增殖期，喷广谱性农药对天敌的危害大于病虫。应坚决使用无毒或低毒、低残留和具有选择性的农药。

(4)使用安全性农药

① 一定按照国家优质安全水果生产的要求,选用低毒、低残留、无公害或绿色果品生产允许使用的农药,同时严格遵循农药的使用浓度和剂量。

② 轮换使用农药,并注意使用周期。

③ 严禁使用国家明令禁止和不合格的化学农药。

第九章 常见杀虫、杀菌剂

一、常见杀虫剂

(一)有机磷类杀虫剂

有机磷类杀虫剂多广谱、高效,以触杀和胃毒为主,有的有内吸作用。有机磷杀虫剂遇碱性物质易分解。

1. 辛硫磷

辛硫磷又名倍腈松、脂硫磷,是广谱、高效、低毒、低残留的杀虫剂,以触杀和胃毒作用为主,无内吸作用,但有一定的熏蒸和渗透性。速效性好,击倒力强,遇光易分解失效。持效期 3~5 d,但施入土中可达 1~2 个月。对人、畜低毒,对鱼、蜜蜂、天敌高毒。

(1)剂型

50%乳油,25%微胶囊水悬剂,3%、5%颗粒剂。

(2)防治对象

蚜虫、卷叶虫、食心虫、尺蠖、毛虫、叶蝉等。

(3)注意事项

① 辛硫磷见光易分解失效,应在阴天或傍晚喷药,避免阳光直射影响防治效果。

② 黄瓜、菜豆、玉米、高粱、甜菜对此药敏感,要慎用。

2. 马拉硫磷

马拉硫磷又名马拉松、马拉赛昂、4049,是广谱、低毒杀虫剂,有良好的触杀、熏蒸和渗透作用,持效期短,在低温时药效较差。对人畜毒性低,对鱼类毒性中等，对眼睛、皮肤有刺激性，对蜜蜂高毒。

（1）剂型

25%、45%、50%乳油，70%优质乳油。

（2）防治对象

蚜虫、木虱、介壳虫、叶蝉、食心虫、卷叶蛾、刺蛾、毛虫类、叶螨等害虫。对叶蝉有特效。

（3）注意事项

① 此药在高浓度时对梨、樱桃、葡萄等一些品种，以及瓜类、豆类易发生药害，应慎用。

② 贮存时勿用金属容器。

3. 敌百虫

广谱、低毒杀虫剂，有很强的胃毒作用，兼有触杀作用，残效期 3~5 d，对人、畜、鱼、蜜蜂低毒。

（1）剂型

90%晶体、80%可湿性粉、50%乳油。

（2）防治对象

食心虫、卷叶虫、尺蠖、刺蛾、夜蛾类、毛虫类等。对蟢象类有特效。对蝇类胃毒作用强。

90%晶体敌百虫 50 g +麦麸 5 kg（炒香）+适量水拌匀，撒于地面，可诱杀蝼蛄、地老虎等地下害虫。

（3）注意事项

① 在苹果幼果期使用高浓度敌百虫，容易发生药害，引起落果，所以应在生理落果以后使用。

② 对高粱、玉米、豆类和瓜类幼苗易产生药害。果园周围和行间种植这些作物时，应避免使用。

4. 乙酰甲胺磷

乙酰甲胺磷又名高灭磷、杀虫灵、多灭磷、全效磷、酰胺磷，是内吸缓效低毒杀虫剂，具有胃毒和触杀作用，对一些鳞翅目害虫兼有一定的熏蒸和杀卵作用。施药 2~3 d 后效果显著，后效作用强，耐雨水冲刷，残效期 10~15 d。对人、畜、鱼、鸟低毒。

(1)剂型

30%、40%乳油，25%可湿性粉剂。

(2)防治对象

食心虫、卷叶蛾、蓑蛾、尺蠖、蚜虫、叶蝉、梨木虱、橡甲、蚧壳虫类等。

(3)注意事项

① 向日葵对此药敏感，果园附近有向日葵时应注意。

② 本剂贮存后乳剂有结块现象，摇匀或浸热水溶解后使用。

5. 杀螟松

杀螟松又名杀螟硫磷、速灭松，是广谱、中等毒性杀虫剂，具有触杀和胃毒作用，但能渗透到植物组织内部，杀死在内潜食的害虫，有杀卵作用。对人、畜、鱼低毒，对蜜蜂毒性高。

(1)剂型

50%乳油。

(2)防治对象

各种食心虫、桃蛀螟、卷叶蛾、刺蛾、潜叶蛾、透翅蛾、袋蛾，多种介壳虫、蜡蝉、橡甲、天牛等。

(3)注意事项

① 对十字花科蔬菜和高粱有药害。

② 采收前 20 d 禁用。

6. 乐斯本

乐斯本又名毒死蜱、氯吡硫磷，是有机磷广谱、中毒杀虫剂，具有触杀、胃毒、熏蒸作用。在土中残效期长，对地下害虫防治效果好，对人、畜毒性中等，对鱼和蜜蜂有毒。

(1)剂型

48%乳油、14%颗粒剂。

(2)防治对象

卷叶蛾、梨花网蝽、桃小食心虫、苹果棉蚜、山楂叶螨、东方盔蚧、梨圆蚧、球坚蚧、木虱、瘿蚊等。

7. 敌敌畏

高效、速效、广谱中等毒性杀虫剂，具有熏蒸、触杀和胃毒作用。气温越高，杀虫效力越大。药后 1~2 h 见效，持效期 1~2 d。

(1)剂型

80%、50%乳油，22%、30%烟剂，15%缓释颗粒剂。

(2)防治对象

果树食心虫、蚧壳虫、卷叶蛾、叶蝉、粉虱、蚜虫、刺蛾、毛虫、橡甲、蜡蝉、柑橘实蝇等害虫。

(3)注意事项

① 敌敌畏对桃、李、杏等核果类果树有时会产生药害，应慎用。

② 对高粱、玉米、豆类、瓜类易产生药害。

(二)拟除虫菊酯类杀虫剂

菊酯类杀虫剂为广谱、高效、速效的杀虫剂，主要具有触杀和胃毒作用。在酸性条件下稳定，不能与碱性农药混用。

1. 氟氯氰菊醋

氟氯氰菊醋又名百树菊酯、百树得，为高效、广谱、低毒杀虫剂，具有触杀和胃毒作用。作用迅速，持效期长，对哺乳动物低毒，对蜜蜂、鱼高毒。

(1)剂型

5.7%乳油。

（2）防治对象

食心虫、卷叶蛾，蚜虫、粉虱、木虱、潜叶蛾、毛虫等。

2. 醚菊酯

醚菊酯又名多来宝。性质与作用同上，对鱼、鸟低毒，对蜘蛛等杀伤力小。

（1）剂型

10%悬浮剂、5%可湿性粉剂、4%油剂。

（2）防治对象

食心虫、棉铃虫、卷叶蛾、潜叶蛾，蚜虫、刺蛾、毛虫、叶蝉、飞虱、橼甲、夜蛾类。对叶蝉高效。

（3）注意事项

悬浮剂放置时间较长会出现分层，用时摇匀。

3. 功夫

功夫又称三氟氯氰菊酯、高效氟氯氰菊酯、功力、神功，是广谱、高效、中等毒性杀虫、杀螨剂。药效迅速，具强烈的渗透作用，耐雨水冲刷，持效期长。与其他菊酯类农药相比，杀虫谱更广，药效更快。对鱼、蜂、蚕高毒。

（1）剂型

2.5%乳油。

（2）防治对象

食心虫、棉铃虫、玉米螟、蚜虫、卷叶蛾、尺蠖、潜叶蛾，叶螨、瘿螨等。

4. 氰戊菊酯

氰戊菊酯又名杀灭菊酯、速灭杀丁。主要是触杀和胃毒，有一定的驱避作用，也能杀卵，对害虫击倒力强。此药低温时效果好，因此不要在中午高温时施药。

（1）剂型

20%乳油。

(2)防治对象

食心虫、棉铃虫、卷叶虫、潜叶蛾、木虱,蚜虫、尺蠖、盲蝽、叶蝉、刺蛾、粉虱等。

5. 灭扫利

灭扫利又名甲氰菊酯、灭扫星、灭虫螨、都克,为高效、广谱虫螨兼治药剂。对害虫有较强的触杀、胃毒作用,有一定的驱避作用。渗透性强,耐雨水冲刷,残效期10~15 d,对人、畜和植物安全,对鱼、蚕高毒,对鸟类低毒。

(1)剂型

20%乳油。

(2)防治对象

食心虫、棉铃虫、梨小食心虫、卷叶蛾、潜叶蛾、木虱、蚜虫、尺蠖、蚧壳虫、叶螨等。

(三)氨基甲酸酯类杀虫剂

1. 灭多威

灭多威又名万灵、乙肟威、灭多虫、灭索威,是广谱的内吸性杀虫剂,具有触杀作用、胃毒作用。

(1)剂型

20%乳油、24%水剂。

(2)防治对象

蚜虫、蓟马、黏虫、卷叶虫、橡甲、天蛾、棉铃虫、水稻螟虫、飞虱以及果树上的多种害虫。

2. 硫双威

硫双威又名拉维因、双灭多威、硫双灭多威、桑得卡,具有一定的触杀作用和胃毒作用。对皮肤无刺激作用,对眼睛有微刺激作用。

(1)剂型

25%硫双灭多威可湿性粉剂、75%桑得卡可湿性粉剂、75%拉维因可湿性粉剂、37.5%拉维因悬浮剂。

(2)防治对象

棉铃虫、二化螟、黏虫、卷叶蛾、尺蠖等。

3. 抗蚜威

抗蚜威又名辟蚜雾，具有触杀、熏蒸和渗透叶面作用。

(1)剂型

1.5%可湿性粉剂、50%的水分散粒剂。

(2)防治对象

可延长对蚜虫的控制期。

(四)特异性生长调节剂

属于酰基脲类低毒杀虫剂，具胃毒和触杀作用。效果缓慢，3~4 d 后才能显现出杀虫作用。毒性低，对人、畜安全，对天敌杀伤力小。

1. 灭幼脲

灭幼脲又名灭幼脲 3 号、苏脲 1 号、蛾杀灵、扑蛾丹。主要有胃毒和触杀作用，田间持效期长达 15~20 d，耐雨水冲刷，遇碱和强酸易分解。

(1)剂型

25%、50%胶悬剂。

(2)防治对象

金纹细蛾、桃潜叶蛾、潜叶蛾，刺蛾、尺蠖、舞毒蛾、舟形毛虫、柑橘木虱。防治鳞翅目害虫有特效。

(3)注意事项

① 本药存放时有沉淀现象，用时摇匀。

② 不要在桑园及其附近使用。

③ 施药后 3~4 d 才显现出药效，不要施药后未立即见效又再次喷药。

2. 杀铃脲

杀铃脲又名氟铃脲、农梦特，具高效、广谱、低毒作用，有较强的杀卵作用,对蚜、螨等刺吸口器昆虫无效。

(1)剂型

5%乳油(氟铃脲、农梦特)、20%悬浮剂(杀铃脲)。

(2)防治对象

潜叶蛾、棉铃虫、桃蛀螟、食心虫、卷叶蛾、刺蛾等多种蛾类幼虫。

3. 扑虱灵

扑虱灵又名优乐得、噻嗪酮、环烷脲,具高效、广谱、低毒作用。

(1)剂型

10%、25%、50%可湿性粉,10%乳油,40%胶悬剂,1%、5%粉剂,2%颗粒剂。

(2)防治对象

蚧壳虫、粉虱、飞虱、叶蝉等害虫。

(五)其他合成杀虫剂

1. 吡虫啉

吡虫啉又名一遍净、蚜虱净、海正吡虫啉、大功臣、康复多、高巧,广谱、高效、低毒、低残留,具有触杀、胃毒和内吸多种作用,不易产生抗药性。温度高杀虫效果好。持效期长达 25 d 左右。对人、畜、天敌安全。

(1)剂型

2.5%、10%可湿性粉,5%乳油,20%乳油。

(2)防治对象

刺吸式口器害虫,如蚜虫、叶蝉、蓟马、木虱、粉虱、橡甲、卷叶蛾等。

2. 莫比朗

莫比朗又名啶虫脒、海正农不老,广谱、高效、低毒,具有触杀和胃毒作用,还有较强的渗透作用,速效,持效期达 20 d 左右,耐雨水冲刷。对其他类型药剂已产生抗药性的害虫有特效。

(1)剂型

3%乳油。

(2)防治对象

蚜虫、叶蝉、粉虱、木虱、潜叶蛾等。

(3)注意事项

① 对桑、蚕有毒性。

② 不能与碱性农药混用。

(六)微生物杀虫剂

1. 阿维菌素

阿维菌素又名齐螨素、害极灭、海正灭虫灵、爱福丁、农螨克、螨虱净、阿维虫清、阿巴丁等,有高效、广谱、低毒、不易产生抗性等特点。具触杀和胃毒作用,有较强的渗透作用。杀虫活性高,比常用药高 5~50 倍。杀虫作用缓慢,2~4 d 见效。残效期 10 d 以上,对天敌较安全。

(1)剂型

1.8%、1%、0.6%乳油。

(2)防治对象

蚜虫、叶螨、潜叶蛾、梨木虱、食心虫等多种害虫。

(3)注意事项

① 勿与碱性农药混配。

② 夏季中午时间不要喷药,以免强光高温对药剂产生不利影响。

2. Bt 乳剂

Bt 乳剂又名苏云金杆菌、杀虫菌 1 号、敌宝等,主要有胃毒作用,杀虫速度缓慢,安全无毒,不杀天敌,害虫不产生抗药性。我国生产的乳剂中大多加入了 0.1%~0.2%拟除虫菊酯类杀虫剂,可加快害虫死亡速度,提高防效。

(1)剂型

Bt 乳剂,苏云金杆菌可湿性粉。

(2)防治对象

鳞翅目幼虫、尺蠖、刺蛾、毒蛾、天社蛾、夜蛾、棉铃虫、桃小食心虫等。

(3)注意事项

① 杀虫速度缓慢,气温在 30℃以上时使用效果好。

② 不能与内吸杀虫剂、杀菌剂混用。

③ 药液中加入助剂或 0.1%洗衣粉可以增加黏着力。

④ 对蚕毒力强,周围有桑、柞树的果园要慎用。

(七)植物杀虫剂

1. 苦参碱

苦参碱又名绿宝清、绿宝灵、百草 1 号、绿丫丹等。具有触杀、胃毒作用,对人、畜低毒。

(1)剂型

0.2%、0.3%苦参碱水剂,1%苦参碱溶液,1.1%苦参碱粉剂。

(2)防治对象

山楂叶螨、绣线菊蚜。

2. 烟碱

烟碱又名硫酸烟碱。主要有触杀作用,也有一定的熏蒸和胃毒作用。对将要孵化的卵有较强的杀伤力,药效快,残效期 7 d 左右,安全无公害。

(1)剂型

40%硫酸烟碱水剂、98%烟碱原药、5%烟碱水剂。

(2)防治对象

蚜虫、叶螨、叶蝉、卷叶虫、食心虫等。

(八)矿物源杀虫剂

1. 机油乳剂

机油乳剂又名蚧螨灵。主要有触杀作用,药效达数十天。

(1)剂型

95%机油乳剂、95%蚧螨灵乳油。

(2)防治对象

蚜虫、螨虫、蚧壳虫。

(3)注意事项

① 夏季使用时有的树种和品种会发生药害,应先做试验。

② 要选用无浮油、无沉淀、无浑浊的产品。

二、常见杀菌剂

(一)杀菌剂分类

1. 唑类杀菌剂

(1)三唑类杀菌剂

戊唑醇、氟环唑、苯醚甲环唑、丙环唑、氟硅唑、腈菌唑、环丙唑醇、氟硅唑、粉唑醇、己唑醇、叶菌唑、四氟咪唑、三唑醇、灭菌唑、联苯三唑醇、烯唑醇、戊菌唑、腈苯唑、种菌唑、糠菌唑、亚胺唑、硅氟唑、三唑酮。

(2)硫酮基和磺酰胺基三唑类杀菌剂

丙硫菌唑。

(3)其他唑类杀菌剂

烯丙异噻唑、咪鲜胺、三环唑、恶霉灵、呋吡菌胺、抑霉唑、氟菌唑、活化酯、噻氟菌胺、恶咪唑、稻瘟酯、土菌灵、氰霜唑、噻酰菌胺、苯噻菌胺酯、异丙菌胺、噻唑菌胺、咪唑菌酮、啶酰菌胺。

2. 吗啉类杀菌剂

(1)甾醇合成抑制剂类杀菌剂

烯酰吗啉、苯锈啶、丁苯吗啉、螺环菌胺、十三吗啉、十二环吗啉、氟吗啉。

(2)其他抑制甾醇生物合成杀菌剂

氯苯嘧啶醇、啶斑肟、乙嘧酚磺酸酯、嗪胺灵、氟苯嘧啶醇、嘧菌胺。

3. 二硫代氨基甲酸酯类杀菌剂

(1)二硫代氨基甲酸酯类杀菌剂

代森锰锌、代森锰、丙森锌、代森锌、代森联、福美锌、福美双。

(2)无机及金属类杀菌剂

硫磺、铜制剂、石硫合剂、8-羟基喹啉铜、三苯锡。

(3)苯类和酞酰亚胺类杀菌剂

百菌清、克菌丹、灭菌丹。

(4)其他多作用点杀菌剂

氟啶胺、甲苯氟磺隆、五氯硝基苯、戊菌隆、二噻农、双胍辛乙酸盐、敌菌灵、苯氟磺胺、双胍辛盐、多果定、酞菌酯。

4. 甲氧基丙烯酸酯类杀菌剂

嘧菌酯、肟菌酯、醚菌酯、唑菌胺酯、啶氧菌酯、苯氧菌酯、氟嘧菌酯、肟醚菌酯、醚菌胺、UBF-307、KZ-165。

5. 苯并咪唑类杀菌剂

多菌灵、甲基硫菌灵、噻菌灵、苯菌灵、麦穗宁。

6. 苯胺类杀菌剂

甲霜灵、苯霜灵、恶霜灵、咪唑菌酮。

7. 二羧酰亚胺类杀菌剂

异菌脲、腐霉利、乙烯菌核利、乙菌利、克菌丹、灭菌丹、菌核利。

8. 酰胺类杀菌剂

环丙酰菌胺、萎锈灵、氰菌胺、氟酰胺、噻唑菌胺、氧化萎锈灵、灭锈胺、硅噻菌胺、噻酰菌胺、吡噻菌胺、异丙菌胺、双氯氰菌胺、磺菌胺、噻氟菌胺、叶枯酞、环酰菌胺、呋吡菌胺、苯酰菌胺、甲呋酰胺。

9. 苯胺基嘧啶类杀菌剂

嘧菌环胺、嘧菌胺、嘧霉胺、氟嘧菌胺。

10. 其他结构类杀菌剂

(1)氨基甲酸酯类

霜霉威、异丙菌胺、乙霉威、磺菌威。

(2)喹啉类

苯氧喹啉、咯喹酮、喹菌酮。

(3)有机磷酸酯类

乙膦铝、异稻瘟净、敌瘟灵、甲基立枯磷、吡菌磷。

(4)抗生素类

多效霉素、链霉素、春日霉素、叶枯酞、灭瘟素、多氧霉素、有效霉素、杀枯定。

(5)吡咯类

咯菌清、拌种咯、氟氯菌核利。

(6)其他

霜脲氰、恶唑菌酮、环菌酰胺、咪唑菌酮、双氯氰菌胺、氰霜唑、二硝巴豆酸酯、磺菌胺、稻瘟灵、苯酰菌胺、四氯苯酞、啶酰菌胺、超敏蛋白、环氟菌胺、哒菌酮、种衣酯。

11. 新开发的杀菌剂

(1)苯噻菌胺酯

防治马铃薯疫病、葡萄霜霉病、爱尔兰疫病。

(2)苯菌酮

防治白粉病。

(3)氟啶酰菌胺

防治园艺作物卵菌纲病害。

(4)氧吡菌胺

防治马铃薯晚疫病。

(二)三唑类杀菌剂

1. 戊唑醇

高效、广谱性、内吸性三唑类杀菌剂,具有保护、治疗、铲除3大功能,杀菌谱广、持效期长。

防治锈病、白粉病、网斑病、根腐病、赤霉病、黑穗病等。

2. 氟环唑

内吸性三唑类杀菌剂，内吸性强，可迅速被植株吸收并传导至感病部位,使病害侵染立即停止,局部施药防治彻底。

防治白粉病、炭疽病、锈病。

3. 苯醚甲环唑

广谱性、内吸性杀菌剂,具保护和治疗作用。

防治黑星病、黑痘病、白腐病、斑点落叶病、白粉病、褐斑病、锈病、条锈病、赤霉病、早疫病,叶斑病、网斑病等。

4. 丙环唑

具有治疗和保护双重作用的内吸性、广谱性杀菌剂。

防治白粉病、锈病、根腐病、水稻恶菌病、香蕉叶斑病、炭疽病、西瓜蔓枯病、草莓白粉病等。

5. 氟硅唑

氟硅唑又名福星,为内吸性杀菌剂。

防治锈病和条锈病、苹果黑星病和白粉病、白粉病、花生叶斑病。对梨黑星病有特效。

6. 腈菌唑

内吸性杀菌剂,具有强内吸性,药效高,对作物安全,持效期长特点。

防治白粉病、锈病、黑星病、灰斑病、褐斑病、黑穗病等。

7. 环丙唑醇(环唑醇)

广谱性、内吸杀菌剂。

防治白粉病、叶斑病、苹果黑星病和花生白腐病。

8. 粉唑醇

广谱性、内吸性杀菌剂。

防治白粉病、锈病、黑穗病、玉米黑穗病等。对白粉病、锈病、云纹病、叶斑病、网斑病有特效。

9. 己唑醇

具有内吸性、保护和治疗活性。

防治白粉病、锈病、黑星病、褐斑病、炭疽病等。对水稻纹枯病有良好的防治效果。

10. 叶菌唑

广谱性、内吸性杀菌剂。

防治穗镰刀菌、叶锈病、条锈病、颖枯病、大麦矮形锈病、白粉病等。

11. 腈苯唑

内吸性杀菌剂。

防治星菌等多种病害。

12. 亚胺唑

广谱性新型杀菌剂。

防治疮痂病、黑星病、锈病、白粉病、轮斑病、黑痘病、褐斑病、炭疽病、黑斑病等。对柑橘疮痂病、黑痘病、梨黑星病有特效。

13. 四氟咪唑

四氟咪唑又名朵麦克、杀菌全能，为内吸性杀菌剂。

防治白粉病、小麦散黑穗病、小麦锈病、小麦腥黑穗病、小麦颖祜病、大麦云纹病、大麦散黑穗病、大麦纹枯病、玉米丝黑穗病、高粱丝黑穗病、瓜果白粉病、香蕉叶斑病、苹果斑点落叶病、梨黑星病和葡萄白粉病等。

14. 三唑醇

三唑醇又名百坦、粉锈宁，为内吸性杀菌剂。

防治麦类黑穗病、白粉病、锈病,以及玉米、高粱等的丝黑穗病。

15. 灭菌唑

灭菌唑又名扑力猛。

防治白粉病、锈病、黑星病、网斑病等。

16. 联苯三唑醇

广谱性杀菌剂。

防治黑星病、菌核病、香蕉叶斑和落花生叶斑病。

17. 烯唑醇

烯唑醇又名速保利,为内吸杀菌剂。

防治白粉病、锈病、黑粉病、黑星病等。

18. 戊菌唑

内吸性杀菌剂。

防治白粉病、黑星病、白腐病等。

19. 种菌唑

广谱性杀菌剂,具有内吸性、传导性和触杀性。

防治水稻恶苗病、胡麻斑病和稻瘟病。

20. 糠菌唑

内吸性杀菌剂。

防治由子囊菌纲、担子菌纲和半知菌类病原菌引起的病害。

21. 硅氟唑

内吸性杀菌剂。

防治黑星病、炭疽病、轮纹病、白粉病、黑痘病、白腐病、锈病、叶斑病等。

22. 三唑酮

三唑酮又名粉锈宁,为内吸性杀菌剂。

防治锈病、白粉病、黑穗病。

（三）甲基甾醇合成抑制剂

1. 丙硫菌唑

广谱性杀菌剂，可与氟嘧菌酯、戊唑醇、肟菌酯、螺环菌胺等进行复配。

防治白粉病、纹枯病、枯萎病、叶斑病、锈病、菌核病、网斑病、云纹病等。

2. 烯丙异噻唑

防治稻瘟病。

3. 咪鲜胺

高效、广谱性、低毒性杀菌剂。

防治炭疽病、叶斑病、水稻恶苗病、稻瘟病、柑橘炭疽病、蒂腐病、青霉病、绿霉病、油菜菌核病、蘑菇褐斑病、梨黑星病等。

4. 三环唑

三环唑又名克瘟唑，为有较强内吸性的保护性杀菌剂。

防治稻瘟病菌。

5. 恶霉灵

恶霉灵又名绿佳宝，具有内吸性和传导性，在土壤中能提高药效。

防治圆斑根腐病、根朽病、紫纹羽病、白绢病、立枯病、猝倒病。

6. 呋吡酰胺

具有内吸活性、传导性。

防治纹枯病、多种水稻菌核病、白绢病等。

7. 抑霉唑

抑霉唑又名烯菌灵，为内吸性、广谱性杀菌剂，果品防腐保鲜剂。

防治植物的多种真菌病害。

8. 氟菌唑

氟菌唑又名特富灵，具内吸性，抗雨水冲刷。

防治苹果黑星病、白粉病；麦类白粉病、黑穗病、条斑病；蔬菜白粉病、锈病、桃褐腐病。

9. 活化酯

没有杀菌活性，可激活植物自身的防卫反应。

防治白粉病、锈病、霜霉病等。

10. 噻氟菌胺

内吸性、广谱性杀菌剂，持效期长。

防治水稻纹枯病，是花生、棉花、甜菜、马铃薯、草坪等病害的优秀杀菌剂。对真菌引起的立枯病等有特效。

11. 恶咪唑

防治灰霉病。

12. 稻瘟酯

稻瘟酯又名稻瘟酯、净种灵。

防治水稻恶苗病、稻瘟病、水稻胡麻叶斑病。

13. 土菌灵

土菌灵又名氯唑灵，为触杀性杀菌剂。可用于处理种子和土壤，是 1 种用于土壤处理的有机杀菌剂。

防治猝倒病、炭疽病、枯萎病、病毒病。

14. 氰霜唑

内吸性杀菌剂，持效期长，耐雨水冲刷，也可用于土壤处理(防治草坪和白菜病害)。

防治霜霉病、疫病等。

15. 噻酰菌胺

内吸性杀菌剂，适于水面使用，持效期长。

防治稻瘟病、褐斑病、白叶枯病、纹枯病、芝麻叶枯病、白粉病、锈病、晚疫病或疫病、霜霉病等。

16. 苯噻菌胺酯

防治葡萄霜霉病菌、瓜类霜霉病菌和十字花科霜霉病菌。

17. 异丙菌胺

防治霜霉病、疫病。

18. 噻唑菌胺

内吸性杀菌剂。

防治霜霉病、疫病。

19. 咪唑菌酮

防治霜霉病、晚疫病、疫霉病、猝倒病、黑斑病、斑腐病等。与三乙膦酸铝一起使用可提高效果。

(四)甾醇合成抑制剂类杀菌剂

1. 烯酰吗啉

内吸性杀菌剂。

防治霜霉病、疫病、苗期猝倒病、烟草黑胫病等。

2. 苯锈啶

内吸性杀菌剂。

防治白粉病、锈病。

3. 丁苯吗啉

内吸杀菌剂。混剂有丁苯吗啉+苯锈碇、丁苯吗啉+百菌清、丁苯吗啉+多菌灵、丁苯吗啉+多菌灵+百菌猜、丁苯吗啉+多菌灵+代森锰锌、了苯吗啉+咪鲜胺、丁苯吗啉+异菌脲、丁苯吗啉+苯锈啶+咪鲜胺等。

防治白粉病、叶锈病、条锈病、黑穗病、立枯病等。

4. 十三吗啉

内吸性杀菌剂。混剂有十三吗啉+多菌灵+代森锰、十三吗啉+三唑醇、十三吗啉+丙环唑等。

防治白粉病、叶锈病、条锈病、叶斑病。

5. 螺环菌胺

螺环菌胺又名螺恶茂胺、螺恶茂胺。内吸性杀菌剂，对白粉病特别有效。

混剂有螺环菌胺+戌唑醇等。

防治白粉病、各种锈病、云纹病、条纹病。

6. 十二环吗啉

十二环吗啉又名吗菌灵，为内吸性杀菌剂。

防治白粉病、锈病。

7. 氟吗啉

防治霜霉属、疫霉素病菌。

8. 氯苯嘧啶醇

广谱性杀菌剂。

防治白粉病、黑星病、黑斑病、褐斑病、锈病等。

9. 啶斑肟

内吸性杀菌剂。

防治黑星病、叶斑病等。

10. 乙嘧酚磺酸酯

内吸性杀菌剂。

对白粉病有特效。

11. 嗪胺灵

内吸性杀菌剂。

防治白粉病、锈病。

12. 氟苯嘧啶醇

内吸性杀菌剂。

防治白粉病、黑星病。

13. 嘧菌环胺

防治灰霉病、白粉病、黑星病、网斑病、颖枯病以及小麦眼纹病等。

14. 嘧菌胺

防治黑星病、白粉病、灰霉病、褐腐病。

（五）二硫代氨基甲酸酯类杀菌剂

1. 代森锰锌

保护性杀菌剂，杀菌范围广，不易产生抗性，防治效果明显。

防治黑星病、疮痂病、溃疡病、斑点落叶病、霜霉病、疫霉病，疫病、锈病、条斑病、炭疽病、褐腐病、根颈腐病。

2. 代森锰

可用作种子处理、叶面喷雾、土壤处理、农用器材消毒等。

防治疫病、炭疽病、霜霉病、水稻白叶枯病、黑斑病、立枯病，以及一些蔬菜、果树的病害等。

3. 丙森锌

速效、残效期长、广谱性、保护性杀菌剂。

防治霜霉病、疫病、炭疽病。

4. 代森锌

叶面用保护性杀菌剂。

防治疫病、斑枯病、叶霉病、炭疽病、灰霉病、绵疫病、褐纹病、蔓枯病、锈病、火烧病、葡萄白腐病、黑斑病，苹果、梨黑星病等。

5. 代森联

防治黑星病、疮痂病、溃疡病、霜霉病、疫霉病、疫病、锈病、白粉病、炭疽病、褐腐病、根颈腐病、斑点落叶病等。

6. 福美双

防治霜霉病、疫病、炭疽病、禾谷类黑穗病、苹果黑星病、梨黑星病、稻瘟病、胡麻叶斑病、猝倒病、黄枯病。

（六）无机及金属类杀菌剂

1. 三苯锡

防治晚疫病、褐斑病、炭疽病、褐纹病、紫斑病、稻瘟病、条斑病、叶枯病、黑斑病、叶枯病，也可用于防治水田中的藻类和水蜗牛。

2. 波尔多液

保护性杀菌剂。

防治霜霉病、炭疽病和晚疫病。

半量式波尔多液的配置：1%硫酸铜、0.5%生石灰、50 kg 水，或者 1%硫酸铜、0.5%生石灰、100 kg 水。用一半的水量溶化硫酸铜，另一半水溶化生石灰，待完全溶化后，将硫酸铜溶液缓慢倒入石灰乳中，边倒边搅拌，即成波尔多液。切记不可将石灰乳倒入硫酸铜溶液中，否则质量不好。

3. 石硫合剂

石硫合剂能通过渗透和侵蚀病菌、害虫体壁来杀死病菌、害虫及虫卵，是 1 种既能杀菌，又能杀虫、杀螨的无机硫制剂。以保护、防治病害为主，对人、畜毒性中等。

防治白粉病、锈病、褐烂病、褐斑病、黑星病及红蜘蛛、蚧壳虫等多种病虫害。

熬制方法如下：

① 石硫合剂是由生石灰、硫磺加水熬制而成的，三者的最佳比例是 1∶2∶10。熬制时，必须用瓦锅或生铁锅。

② 根据锅的大小，把水（15 份）加好，盖上锅盖开始烧火。

③ 水温达到 60℃时，把化好的洗衣粉（0.4 份）倒进锅里进行搅拌。

④ 把硫磺（2 份）均匀地撒到锅里，边撒边搅。因洗衣粉的作用，硫磺很快溶于水。

⑤ 撒完硫磺后水温达 80℃，立即把石灰块（5 份）顺锅边放到锅里，搅拌几下，盖上锅盖进行熬制，并开始计时。

⑥ 15 min 时火应均而稳，20 min 后火要弱而均，熬制 25 min 左右。

⑦ 药液呈酱油色，锅底渣子深绿色，说明火候已到，要马上停火出锅，自然冷却。

(七)苯类和酞酰亚胺类杀菌剂

1. 百菌清

广谱性杀菌剂,耐雨水冲刷,有较长的药效期。

防治炭疽病、疫病、立枯病、猝倒病、轮纹病、褐斑病、斑点落叶病、煤污病、黑星病等。

2. 克菌丹

广谱性低毒杀菌剂。

防治霜霉病、白粉病、炭疽病、疫病、立枯病、猝倒病、轮纹病、褐斑病、斑点落叶病、煤污病、黑星病等。

3. 灭菌丹

防治晚疫病、白粉病、叶锈病和叶斑点病等。

(八)其他多作用点杀菌剂

1. 氟啶胺

广谱性杀菌剂,耐雨水冲刷,持效期长。

对交链孢属、葡萄孢属、疫霉属、单轴霉属、核盘菌属和黑星菌属菌非常有效。

2. 五氯硝基苯

五氯硝基苯又名土壤散,主要用作土壤和种子处理。对多种苗期病害及土壤传染的病害有较好的防治效果。

防治立枯病、猝倒病、炭疽病、疮痂病、菌核病。

3. 戊菌隆

常用的防治水稻作物病害的农药,又称禾穗宁、万菌灵、戊环隆。

防治猝倒病、叶腐病、根腐病等。

4. 二噻农

具有广谱、低毒、抗性低的优点。

防治黑星病、污斑病、叶斑病、锈病、炭疽病、穿孔病、缩叶病、褐腐病、锈病、霜霉病、葡萄房枯病。

5. 双胍辛乙酸盐

广谱性杀菌剂。

防治腐烂病、黑穗病、斑点落叶病等。

6. 敌菌灵

敌菌灵又名防霉灵，广谱性杀菌剂，具内吸性。

防治灰霉病、菌核病、斑枯病、早疫病、黑斑病、霜霉病、炭疽病、褐斑病、黑星病、轮斑病、根腐病等。

7. 苯氟磺胺

保护性、广谱性杀菌剂。

防治各种真菌性病害。

8. 双胍辛盐

内吸性杀菌剂。

防治多种主要霉菌病害。

（九）甲氧基丙烯酸酯类杀菌剂

1. 嘧菌酯

嘧菌酯又名安灭达，具内吸性，有极广的杀菌范围。

防治白粉病、锈病、颖枯病、网斑病、黑星病、霜霉病、稻瘟病等。

2. 肟菌酯

具有广谱、渗透、快速分布等性能，耐雨水冲刷，持效期长。

防治白粉病、叶斑病、锈病、霜霉病、立枯病、黑星病。

3. 醚菌酯

防治白粉病、锈病、疫病、稻瘟病、黑星病等。

4. 唑菌胺酯

具有保护作用、治疗作用、内吸传导性，耐雨水冲刷。

防治叶锈病、条锈病、叶枯病、网纹病、白粉病、霜霉病、黑腐病、褐枯病、枝枯病等。

5. 啶氧菌酯

具内吸性、熏蒸性，防治对象广。

防治叶枯病、叶锈病、颖枯病、褐斑病、白粉病等。

6. 苯氧菌酯

高效、广谱性杀菌剂。

防治黑星病、白粉病、霜霉病、锈病、颖枯病、网斑病等。

7. 氟嘧菌酯

防治早疫病、晚疫病、叶斑病、霜霉病等。

8. 肟醚菌胺

防治稻瘟病和纹枯病。

（十）苯并咪唑类杀菌剂

1. 多菌灵

高效、低毒、内吸性、广谱性杀菌剂。

防治白粉病、疫病、炭疽病、菌核病、灰霉病、立枯病、猝倒病、黄萎病、轮纹病、炭疽病、黑斑病、褐斑病等。

2. 甲基硫菌灵

广谱性、内吸性、低毒杀菌剂。

防治白粉病、炭疽病、灰霉病、菌核病、褐斑病、轮纹病、炭疽病、灰霉病、褐腐病、叶斑病、黑斑病、稻瘟病和纹枯病。

3. 噻菌灵

高效、广谱性、内吸性杀菌剂。

防治青霉病、炭疽病、灰霉病、黑星病、白粉病、恶苗病。

4. 苯菌灵

高效、广谱性、内吸性杀菌剂。

防治白粉病、黑星病、赤霉病、稻瘟病、疮痂病、炭疽病、灰霉病、腐烂病等,还具有杀螨、杀线虫活性。

5. 麦穗宁

防治黑疤病、黑穗病等。

(十一)苯胺类杀菌剂

1. 甲霜灵

甲霜灵又名阿普隆、保种灵、瑞毒霉、瑞毒霜、甲霜安、雷多米尔、氨丙灵等,为高效、低毒、低残留、内吸性杀菌农药,且药效持续期长。

防治霜霉病、疫霉病、白发病、棉疫病、白锈病、晚疫病等。

2. 苯霜灵

内吸性杀菌剂,耐雨水冲刷。

防治霜霉病、疫霉病、黑胫病、猝倒病和种腐病等。

3. 恶霜灵

高效、内吸性杀菌剂。

防治霜霉病、疫病等。

4. 恶唑菌酮

防治白粉病、锈病、颖枯病、网斑病、霜霉病、晚疫病等。

5. 啶菌恶唑

防治灰霉病、白粉病等。

6. 咪唑菌酮

防治各种霜霉病、晚疫病、疫霉病、猝倒病、黑斑病、斑腐病等。

(十二)二羧酰亚胺类杀菌剂

1. 异菌脲

广谱性、触杀性、保护性杀菌剂,也可通过根部吸收起内吸作用。

防治果树和果实的贮藏期病害,对灰霉病、菌核病、苹果斑点落叶病、梨黑斑病、番茄早疫病、草莓灰霉病、蔬菜灰霉病等均具有很好的防治作用。

2. 腐霉利

防治菌核病、灰霉病、灰星病、苹果花腐病、洋葱灰腐病。

3. 乙烯菌核利

乙烯菌核利又名农利灵，防治菌核病、白粉黑斑病、灰霉病、早疫病。

4. 乙菌利

防治禾谷类叶部病害和种传病害，也防治黑星病、白粉病等。

5. 克菌丹

克菌丹又名盖普丹，为广谱性杀菌剂。

防治疫病、炭疽病、霜霉病、白粉病、灰霉病、叶枯病、黑斑病、白斑病、立枯病、疮痂病、苦腐病、黑星病、灰斑病、梨黑星病、褐斑病，麦类锈病、赤霉病，水稻苗立枯病、稻瘟病，烟草疫病。

6. 灭菌丹

广谱性、保护性杀菌剂。

防治霜霉病、白粉病、早疫病、晚疫病、轮纹病等。

7. 菌核利

防治油菜菌病、水稻纹枯病、胡麻叶斑病、稻瘟病，以及蔬菜、果树上的菌核病、灰霉病等。

(十三)酰胺类杀菌剂

1. 环丙酰菌胺

内吸性、保护性杀菌剂。

防治稻瘟病。

2. 萎锈灵

内吸性杀菌剂。

防治锈病、黑粉(穗)病、立枯病、黄萎病、散黑穗病、丝黑穗病、玉米丝黑穗病、麦类黑穗病、麦类锈病、谷子黑穗病以及棉花苗期病害。

3. 氰菌胺

氰菌胺又名稻瘟酰胺,为内吸性杀菌剂。

防治水稻稻瘟病。

4. 氟酰胺

内吸性杀菌剂。

防治立枯病、纹枯病、雪腐病等。

5. 噻唑菌胺

防治霜霉病、晚疫病等。

6. 氧化萎锈灵

内吸性杀菌剂。

防治锈病。

7. 灭锈胺

高效、内吸性杀菌剂,持效期长,无药害,可在水面、土壤中施用,也可用于种子处理,是良好的木材防腐、防霉剂。

对由担子菌引起的病害有特效。

8. 硅噻菌胺

具有良好的保护活性,残效期长。目前适用于拌种剂。

9. 噻酰菌胺

防治稻瘟病、褐斑病、白叶枯病、纹枯病、叶枯病等。

10. 吡噻菌胺

高活性、广谱性杀菌剂,无交互抗性。

防治白粉病、锈病、霜霉病、炭疽病、菌核病。

11. 异丙菌胺

防治霜霉病、疫病、晚疫病。

12. 双氯氰菌胺

其性质与氰菌胺相同。

13. 磺菌胺

多用作土壤处理剂。防治土传的腐霉病、螺壳状丝囊霉、疮痂病菌、环腐病菌等。

14. 噻氟菌胺

防治纹枯病、锈病、茎溃疡病、白绢病、冠腐病。

15. 叶枯酞

防治黑腐病、白叶枯病等细菌性病害。

16. 环酰菌胺

内吸性、保护性杀菌剂。

防治灰霉病、菌核病、黑斑病、稻瘟病。

17. 呋吡菌胺

内吸性杀菌剂。

防治纹枯病、菌核病、白绢病等。

18. 甲呋酰胺

具有内吸作用，是新的代替汞制剂的拌种剂。

防治黑穗病等。

19. 苯酰菌胺

防治晚疫病、霜霉病等，对葡萄霜霉病有特效。

(十四)苯胺基嘧啶类杀菌剂

1. 嘧菌环胺

嘧菌环胺又名和瑞，防治灰霉病、白粉病、黑星病、网斑病、颖枯病以及小麦眼纹病等。

2. 嘧菌胺

防治苹果和梨的黑星病、灰霉病、褐腐病、白粉病。

3. 嘧霉胺

具有内吸传导性和熏蒸作用。

对灰霉病有特效。可防治灰霉病、黑星病、斑点落叶病。

4. 氟嘧菌胺

防治白粉病和锈病。

(十五)其他结构杀菌剂

1. 霜霉威

内吸传导性杀菌剂。

防治霜霉病、猝倒病、疫病、晚疫病、黑胫病等。

2. 乙霉威

防治灰霉病、茎腐病、叶斑病、青霉病。

3. 苯氧喹啉

防治白粉病。

4. 咯喹酮

内吸性杀菌剂。

防治稻瘟病、柑橘溃疡病等,主要防治细菌性病害。

5. 喹菌酮

防治白粉病,对作物害螨也有较高的防效。

6. 乙膦铝

内吸性杀菌剂。

防治各种霜霉病、晚疫病、轮纹病、疫病、绵疫病。

7. 异稻瘟净

内吸性杀菌剂。

防治稻瘟病,同时具有抗倒伏,兼治飞虱、叶蝉的功效。

8. 甲基立枯磷

甲基立枯磷又名立枯灭,为广谱性、内吸性杀菌剂,用于防治土传病害。

防治立枯病、白绢病、枯萎病、菌核病、蔓枯病、白腐病、黑痘病。

9. 吡菌磷

内吸性杀菌剂。

防治白粉病。

10. 多效霉素

广谱性生物杀菌剂，具内吸性。

防治流胶病、脚腐病、溃疡病、腐烂病、斑点落叶病、黑星病、炭疽病。

11. 链霉素

防治植物的细菌性病害。防治火疫病、软腐病、细菌性斑腐病、晚疫病、腐烂病、黑胫病、角斑病、霜霉病、细菌性疫病等。

12. 春日霉素

防治稻瘟病、细菌性角斑病、流胶病、疮痂病、穿孔病等。

13. 灭瘟素

防治稻瘟病、穗颈瘟、叶斑病。

14. 多氧霉素

防治白粉病、赤星病、霜霉病、枯萎病、黑斑病、褐斑病、纹枯病、早期落叶病、枯梢病、梨黑斑病、苹果树褐斑病。

15. 有效霉素

对防治水稻纹枯病有特效。

16. 霜脲氰

防治霜霉病和疫病等。

18. 恶唑菌酮

新型、高效、广谱性杀菌剂。

防治白粉病、锈病、颖枯病、网斑病、霜霉病、晚疫病。

19. 氰霜唑

保护性杀菌剂，有一定的内吸和治疗性，持效期比较长。

对晚疫病、霜霉病有特效。

20. 稻瘟灵

稻瘟灵又名富士一号,为高效内吸性杀菌剂。

对水稻稻瘟病有特效。

21. 四氯苯酞

保护性杀菌剂。

防治水稻白叶枯病、稻瘟病。

22. 啶酰菌胺

防治白粉病、灰霉病、腐烂病、褐腐病和根腐病等。

23. 种衣酯

触杀性杀菌剂。

防治白粉病。

(十六)新开发的杀菌剂

1. 苯噻菌胺酯

防治马铃薯疫病、霜霉病以及爱尔兰疫病。

2. 苯菌酮

防治白粉病。

3. 氟啶酰菌胺

防治园艺作物卵菌纲病害。

第十章　红枣加工技术

一、红枣保鲜技术

(一)采收

1. 采收标准

根据枣果面转红的程度,可分为全红(100%着色)、半红(约 50%着色)和初红(着色<25%)3 种成熟度进行采收。

用于贮藏的枣果宜在半红期采收,这样可在保证品质的前提下尽可能地延长贮藏期。

2. 采收方式

鲜食的枣果应人工采摘。严禁竿打、振落,而且采摘时应保留果柄。

由于枣的花期很长，所以成熟期也长。应该按照采收标准进行分批采摘,每次采收的枣果成熟度要一致。

(二)贮藏条件

1. 条件

适宜贮藏温度为-0.5~0℃。

由于鲜枣果实表面蜡质层较少,保水性能较差,且成熟度越低的果实失水越快,因此贮藏环境的空气相对湿度要>90%。

2. 方法

(1)冷藏

打孔袋,或用纸箱、木箱、塑料周转箱等,内衬保鲜袋。

步骤如下。

预处理:挑选采收的鲜枣,用 2%氯化钙 + 30 mg/L 赤霉素 + 100 mg/L 壳寡糖溶液浸果 30 min,及时晾干。

预冷:放入冷库中预冷 1~2 h,温度降至贮藏温度。

装袋:预冷后的枣果装入 0.01~0.02 mm 厚的无毒聚氯乙烯或聚乙烯薄膜袋中。每袋装果量不超过 2.5 kg。袋中部两侧各打 2 个直径约 1 cm 的小孔,然后扎口。

码垛:贮藏箱呈“品”字形竖立摆放在多层贮藏架上。箱间应留出通风道。

(2)气调贮藏

气调贮藏可将乌头枣、襄汾圆枣、临汾团枣、蛤蟆枣、冬枣、大雪枣等品种的枣果贮藏 3~4 个月,金丝小枣、赞皇大枣、梨枣等贮藏 2~3 个月,脆果率达 70%以上。

贮藏条件:温度-1~0℃。空气相对湿度>95%。氧气含量 3%~5%。二氧化碳含量<2%。

步骤如下。

预处理:挑选采收的鲜枣后,用 2%氯化钙 + 30 mg/L 赤霉素+100 mg/L 壳寡糖溶液浸果 30 min,及时晾干。

预冷:放入冷库中预冷 1~2 h,温度降至贮藏温度。

装袋:预冷后的枣果装入 0.01~0.02 mm 厚的无毒聚氯乙烯或聚乙烯薄膜袋中。每袋装果量不超过 2.5 kg。袋中部两侧各打 2 个直径约 1 cm 的小孔,然后扎口。

码垛:贮藏箱呈“品”字形竖立摆放在多层贮藏架上。箱间应留出通风道。

二、红枣制干技术

(一)采收

1. 采收标准

采收的红枣要求皮色紫红,富有光泽,皮纹粗大,果形凸凹明显,富有弹性，含水量低，制干率高，干物质含量达70%。

2. 采收时间

在完全成熟期采收，一般在10月中旬。采收过早或过晚都会影响红枣品质及其加工产品的质量。

3. 采收方法

（1）手摘

皮薄的品种肉脆，极易在采摘及搬运中形成内伤，在贮藏中引起腐烂。因此采收时严禁敲打、摇树，要用手摘，做到轻摘、轻放。

（2）辅助采收

在干燥地区，皮厚的红枣品种落叶后，等枣果在枣树上风干到一定的程度后采用摇树晃落的方式。

（二）制干方法

1. 自然晒干法

自然晒干法是指在自然状态下晒制红枣的方法，适用于量少的红枣晒制。传统的方法是在太阳下直接晒干。现在为了提高速度和保持卫生，一般在专用的塑料大棚内进行晒制。这样可加快晒制速度，避免阴雨天的不利条件。

（1）工艺流程

原料→挑拣→烫漂→晒制→翻动→去杂→成品。

（2）操作要点

原料：选择皮薄、肉质肥厚致密、糖分高、枣核小的品种，如骏枣、灰枣、壶瓶枣、油枣等适宜制干的品种。

挑拣：枣果采收后，按大小分级；剔除病虫、畸形、有伤的枣果。

烫漂：在沸水中热烫5~10 min破坏酶的活性，减少果肉氧化，捞出沥干水分后摊开晒制，可提高红枣干制品的品质。

晒制：在洁净空旷地搭设晒架，一般曝晒5~6 d，即可制成干枣。

翻动：白天翻动 3~4 次。晚上和下雨天要覆盖枣果，防止红枣吸水腐烂。

2. 人工制干法

人工制干法是指通过人工加热的方式控制干燥条件的制干方法。

（1）工艺流程

原料→挑拣→烫漂→预热→排湿→干燥→冷却→分级→包装→成品。

（2）操作要点

原料：选择皮薄、肉质肥厚致密、糖分高、枣核小的品种。

挑拣：枣果采收后，按大小分级；剔除病虫、畸形、有伤的枣果。

烫漂：在沸水中热烫 5~10 min 破坏酶的活性，捞出沥干水分后摊开晾干。

预热：将烫漂晾干后的红枣送入烘干室逐步加温。此阶段的时间为 14~18 h。及时通风排湿，以便不断蒸发水分。35~40℃时预热 2~3 h。标准是用力压枣果时红枣身会出现皱纹，即可进行下一步。45~48℃时保持 3~4 h，等枣表面出现 1 层小水珠即可进行下一步。55~60℃时保持 4~5 h，即可进行下一步。

干燥：60~70℃时，6 h 内完成此阶段工作。枣果表面出现皱纹，说明干燥正常。此阶段温度不宜过高，否则易出现分解、焦化、味道变苦等现象。

冷却：烘干的枣果及时通风散热，等到红枣彻底冷却后，才能进行贮藏。

（三）分级包装

红枣制干后要将结壳的、开裂的红枣挑出来，并按大小进行分级。

按一定要求称重，用铺垫防潮纸或蜡纸的纸箱分级包装。

（四）贮藏

1. 条件

温度 0~5℃，空气相对湿度 60%。

2. 步骤

预冷：放入冷库中预冷 1~2 h，温度降至贮藏温度。

装袋：预冷干燥后装入 0.01~0.02 mm 厚的无毒聚氯乙烯或聚乙烯薄膜袋中。每袋装果量不超过 10 kg，然后扎口装入纸箱或周转箱中。

码垛：贮藏箱呈“品”字形竖立摆放在多层贮藏架上。箱间应留出通风道。

三、枣干加工技术

（一）加工工具

1. 刮皮刀

由刀柄和刀片 2 部分构成，柄长 7 cm、宽 2.2 cm，刀片长 1.5 cm，刀口缝 2~3 mm，形状似鞋拔子。

2. 取核器

形状为钻形，长 6.5 cm，前段舌形，两侧向上卷起，宽 8 cm，多为铜、铝制品。

3. 加热烘干设备

可用炕床或者专用加热设备。

（二）工艺流程

1. 选枣

半红至全红的大、中果形鲜枣，要求枣果无病、无虫、无伤。

青枣或过熟枣均不宜加工枣干。前者糖分低，后者刮皮难、色泽差。

2. 刮皮

左手拿枣，右手持刀。刮时，首先用刀沿果洼刮 1 圈，然后纵刮数刀，最后 1 刀连同果脐处的外果皮一同刮掉。

3. 初烘

随刮皮，随烘干。枣层厚度 4~5 cm。

温度 90~95℃，经常翻动，使其均匀受热，约 1.5 h，当枣肉由硬变软，颜色由青白变淡黄，软而不黏，枣糖心时，可取出进行下一工序。

4. 去核

取出枣后，在枣上撒 1 层面粉，拌匀，以防渗糖粘手。在枣不烫手时去核，越快越好。去核时，左手 3 指拿枣，大拇指顶住枣脐，右手持取核器，从柄端插入果内。此时左手拇指顶之，令核露出 1/2，再以右手拇指压核，一拔，枣核即出。

5. 整形

取核后，首先捏合伤口，集中整形。整成四周厚、中间薄、边缘无裂口的长方形枣干。

6. 闷枣

把整形晾晒后的枣干放在密封容器中闷枣 10 d 左右，以助枣中芳香物的形成，从而提高香度，增加风味。

7. 复烘

闷过的枣可先在阳光下晾晒，然后放在烘干机中 60~70℃烘干 2~3 h，当果肉水分<13%时即可结束。

8. 贮藏

空气温度 0~5℃。空气相对湿度 60%。

步骤如下。

预冷：放入冷库中预冷 1~2 h，温度降至贮藏温度。

装袋：预冷干燥后装入 0.01~0.02 mm 厚的无毒聚氯乙烯或聚乙烯薄膜袋中。每袋装果量不超过 10 kg，然后扎口装入纸箱或周转箱中。

码垛：贮藏箱呈“品”字形竖立摆放在多层贮藏架上。箱间应留出通风道。

四、速溶枣粉加工技术

（一）工艺流程

原料→分选→洗涤→破碎→果胶酶处理→粗滤→枣渣→乙醇处理→粗

滤→枣渣→调配→胶磨→杀菌→真空浓缩→真空干燥→速溶枣粉。

（二）工艺要点

1. 原料选择

选用新鲜的红枣，要求无风落枣、病虫红枣、破头枣、青枣及霉枣等。

2. 洗涤破碎

用流动的水或空压机将枣果搅拌清洗干净，然后用破碎机将枣果破碎成直径3~5 mm的小块，将枣核分离出来。

3. 浸提

浸提是速溶枣粉加工过程中最重要的步骤之一，直接影响枣粉的营养价值、提取率及速溶性等，应尽可能完全提取出红枣中的营养成分。

（1）果胶酶乙醇浸提法

第一次浸提：在破碎后的枣果中加入5倍体积的纯净水，搅拌均匀，使料液的pH值为3.5，然后1 kg料液加入50 mg果胶酶，搅拌均匀，将料液加热至45℃，保持2 h，进行浸提。浸提结束后，将料液加热到95℃，保持1 min，使果胶酶失活。之后用100目的滤布过滤，枣汁备用，枣渣进行第二次浸提。

第二次浸提：枣渣加入3倍体积的60%乙醇，搅拌均匀进行第二次浸提。将料液加热至沸腾，在回流条件下浸提1 min，然后过滤。过滤后的枣汁与第一次浸提过滤后的枣汁混合。

（2）热水浸提法

在破碎后的枣果中加入5倍体积的纯净水，搅拌均匀，将料液加热至90℃，浸提5 min，然后用100目的滤布过滤后得枣汁。

4. 调配

为了让制得的速溶枣粉适合大众口味，可在料液中加入少量异麦芽低聚糖、蔗糖、柠檬酸、食盐以及助溶剂等，目的是使枣粉营养丰富、酸甜可口、枣香浓郁。

5. 胶磨

用胶体磨研磨过滤后的枣汁，进一步微细化，以增强产品的稳定性。

6. 杀菌

红枣汁用超高温瞬时杀菌机杀菌 1~2 s。

7. 真空浓缩

用 ZJ 型真空浓缩机，在真空度 3 000~4 000 Pa、45℃条件下进行浓缩，使枣汁的含水量降至 60%左右。

8. 真空干燥

将浓缩后的枣汁放入 ZGT 型真空干燥机，在真空度 300~400 Pa、10~40℃条件下干制成粉。

五、枣茶加工技术

（一）原料

干枣、乌龙茶。

（二）设备

清洗机、干燥箱、粉碎机、混合机、自动粉质包装机、配料容器。

（三）配方

乌龙茶粉 40%~60%、干红枣粉 40%~60%。

（四）工艺流程

原料→清洗→去核→烘干→粉碎→调配→混合→包装→成品。

（五）工艺要点

1. 原料选择

选择个大核小、皮薄肉厚、色泽红亮的干枣，挑出病虫枣和霉变枣。乌龙茶要滋味纯正、无霉变的优质乌龙茶叶。

2. 清洗

用清洗机将干枣清洗干净，取出晾干待用。

3. 去核

用专用去核工具,将干枣的枣核去掉。

4. 烘干

用烘干机,在70~90℃条件下将去核后的干枣烘干。当枣果呈深紫色并发出焦香味,即可结束烘干。

乌龙茶的烘干温度为60~70℃,烘干2~3 min,待用手捻成粉末即可。

5. 粉碎

分别用粉碎机粉碎烘干后的干枣、乌龙茶,粉碎后的细度要求>80目。

6. 调配

按照配方定量称取乌龙茶粉末、红枣粉进行调配。一般乌龙茶粉与红枣粉的比例为4∶6。

7. 混合

将调配好的原料置于混合机内,均匀混合。

8. 包装

用自动粉质包装机,先用茶叶滤纸装成小包装,每装3 g,再用聚乙烯塑料进行外包装,最后装盒。

(六)质量标准

1. 感官指标

成品为松散、细腻的粉末。

用80℃开水冲泡5 min,要求汤色红亮,枣香味浓,茶香持久,甘甜适口,无焦煳味及异味。

2. 理化指标

水分含量<7%,细度>80目。

3. 卫生指标

应符合GB 4788标准要求。

六、焦枣加工技术

(一)工艺流程

选料→泡洗→去核→烘烤→上糖衣→冷却→包装→成品。

(二)工艺要点

1. 选料

灰枣、九月青、木枣等大、中型红枣品种。要求无病、无虫、无损伤的枣果制成的干枣。

2. 去核

(1)去核工具

用特制的去核器去核,去核器全长约 23 cm,柄长 11 cm,圆筒状,筒长 12 cm,直径 0.7 cm。

(2)去核方法

去核时,左手拿枣,右手持去核器。第一步去核器从果脐部钻入,深约 0.6 cm。第二步去核器从果洼钻入,穿透枣,除去枣核,形成 1 个直径 0.7 cm 的圆孔。

去核时要防止外果皮破裂或枣变形,以免由于出糖或通气不良使枣不易炕焦,影响品质。

3. 烘烤

用专用烘干设备,烘干去核的枣,烘烤温度为 80~90℃,1.5~2 h 即可烘干。

4. 上光

(1)红褐色上光

去核后得到的枣核加入等体积洁净的纯净水,熬煮 30 min,过滤。在烘烤结束前 15~20 min,将过滤液均匀地喷洒在正在烘烤的枣果上。每 30 kg 干枣喷 1 kg 过滤液,之后继续烘烤 20~25 min。当果皮由无光的褐色变成具有金属光泽的红褐色,结束烘烤。

(2)白霜上光

1.5 kg 白糖加 0.5 kg 纯净水，熬煮 10~15 min，把糖浆滴到光滑的铁器上,用指甲可以刮掉,尝之很筋即可。

在烘烤结束前 15~20 min，将熬煮的糖浆均匀喷洒在正在烘烤的枣果上,每 50 kg 干枣喷洒 3~4 kg 糖浆,之后继续烘烤 20 min 左右。枣果上出现一层雪白的糖霜时即可结束烘烤。这种焦枣甜味高,品质极佳。

5. 焦化

烘烤结束后,让枣果在室温条件下自然冷却,即可自然变硬而酥焦。这一过程称之为焦化。焦化的时间因季节而异,冬季 1 h,夏季约 6 h。

6. 包装

一般多用双层塑料袋包装,密封、防潮存放。

七、蜜枣加工技术

(一)工艺流程

选料→清洗→切纹→浸硫→水煮→糖煮→烘烤→包装→成品。

(二)工艺要点

1. 选料

要求果个大,果面平整,长筒形,皮薄,核小,含水量低,肉质比较松软的品种。

白熟期采收,要求果实大小一致以便于加工,并使成品质量一致。

2. 切纹

(1)手工切纹

用快刀或尖针在果面切密集而整齐的纵纹，纹距和深度为 2 mm 左右，每个果切划 60~100 条纹,使糖分易于渗入。

(2)用切纹器切纹

在长 5 cm 的铁管中按切纹间距安装 30~50 个刀片，将枣逐个通过刀管,枣上就被均匀地划下刀纹。

3. 浸硫

将切纹后的枣浸泡在 0.1%亚硫酸钠水液中 20~30 min。目的是破坏果内的多酚氧化酶活性,防止褐变,增加成品色泽,并使维生素 C 等容易氧化的营养成分不被破坏。

4. 水煮

将枣坯倒入沸水锅中,小火保持 100℃ 1.5~2 h。目的是使枣坯排胶,除糖,吸水。煮枣坯时要不断除去水面的泡沫。火力不能过大,防止把枣坯煮破、煮烂。

水煮后的桂式蜜枣枣坯需用流水漂洗 0.5~1 h,充分洗除胶汁。

5. 糖煮

白砂糖中加入 0.1%亚硫酸钠和柠檬酸, 目的是减少维生素 C 等在糖煮烘烤时的氧化损失,并使烘烤干燥后的成品晶亮透明,糖分不返砂结晶。

(1)桂式蜜枣

采用一次糖煮,全过程需要 1.5~2 h,历经排水、渗糖、浓缩 3 个阶段。

第一阶段,将水煮后漂净的枣坯用 30 波美度的糖液猛煮 20 min。

第二阶段,历时 50~60 min。减小火力,使锅内保持缓滚状态,逐步增添稀糖液,保持锅内糖液 34~36 波美度,使果肉组织平缓地渗糖排水,但不焦枣糊锅。

第三阶段,历时 30 min。再次减小火力,使锅内保持微滚状态,停止补充糖液。锅内糖液逐渐浓缩到 38~40 波美度时即可出锅冷却、整形。

(2)京式和徽式蜜枣

多采用 2 次糖煮法。

第一次,用 15~18 波美度糖液,保持开锅剧滚状态煮 30 min,使枣坯排水渗糖。煮后在同样浓度的糖液中冷浸渗糖 24 h。

第二次,用 28~30 波美度糖液,小火保持缓滚状态回煮 20~30 min,以提高枣坯糖分。

6. 烘干

65~68℃通风烘烤一昼夜，目的是降低枣坯水分，使果面干燥不粘手，果肉韧性增强，适于整形。

八、营养枣泥加工技术

（一）工艺流程

选料→浸泡→煮枣→加配料→打浆→磨制→浓缩→装罐→灭菌→成品。

（二）工艺要点

1. 选料

选个大、肉厚、无腐烂、无病虫害的干枣。

2. 浸泡

将干枣放入清水池内浸泡 6~8 h，然后用流动的清水清洗干净。

3. 煮枣

将洗干净的红枣放入不锈钢夹层锅内，每锅放枣 50 kg，加纯净水 25 kg，逐渐加热至沸腾，煮 2 h，每 20 min 翻动 1 次。

4. 加配料

在夹层锅内将枣泥、淀粉、洋菜、花生瓣、炒芝麻按比例放好。

5. 打浆

将煮好的枣倒入打浆机，筛孔 0.2 mm，打浆，除去枣皮和枣核。

6. 磨制

用胶体磨将上述配料磨好。

7. 浓缩

在夹层锅中浓缩，同时放入溶化好的糖浆以调整口感。在 3.0 kg/cm^2 蒸汽压下加热浓缩，当枣浆固形物浓缩到 60%时，加入食用棕榈油、食用香精等，继续浓缩 10 min，再加入防腐剂，搅拌均匀后出锅。

8. 装罐

用罐头瓶分装,每瓶 0.5 kg。用真空自动封口机封口。

9. 灭菌

封好的罐头瓶放入高压灭菌锅中,在 120 Ib 压力下灭菌 15 min,自然冷却至室温即可。

九、枣汁加工技术

(一)工艺流程

选料→清洗→烘烤→浸泡→软化→打浆→过滤→配料→脱气→灌装→灭菌→冷却→检验→入库。

(二)工艺要点

1. 选料

选用成熟度高、颜色紫红、果肉紧密、枣香浓郁的干枣,去除原料中的杂质。

2. 清洗

用清水浸泡,然后反复冲洗,冲净表面的脏物。

3. 烘烤

将洗过的干枣捞出控干水分,然后将干枣铺在烘烤盘中置于烤箱内。先用 60℃左右温度烘烤 1 h,至枣发出香味。之后将温度升至 90℃再烘 1 h,至枣发出焦香,枣肉紧缩,枣皮微绽,即可取出晾凉。

4. 浸泡

用清水浸泡烘烤过的干枣,用水量以浸没为度。

5. 软化打浆过滤

将浸泡过的干枣放入夹层锅内,煮 1 h 左右,其间搅动 1~2 次,使枣软烂。然后用打浆机打浆,过滤后获取果浆,并除去枣核和枣皮。

6. 配料

以 3%干枣，8%白糖，0.5%糖蜜素，适量柠檬酸液混合，并不断搅拌均匀，加水至 100%。

7. 脱气

使用真空脱气罐进行脱气。脱气时间 5 min，真空度 680~700 mm 汞柱。脱气前枣汁的温度以 50~70℃为好。

8. 罐装

将脱气后的枣汁迅速升温至 85℃，加入适量香精，并趁热将枣汁装入已消毒洗净的瓶中，立即压盖。

9. 灭菌

用高温灭菌锅加压灭菌，压力为 1.5 个大气压，时间为 20 min。

10. 冷却

采用分段冷却。第一阶段冷却至 45~55℃。第二阶段冷却至 25~30℃。

11. 检验入库

冷却到室温后擦瓶、检验、入库。

十、枣酒加工技术

（一）材料

全红期枣果、果酒专用活性干酵母、果胶酶、蔗糖、酒石酸。

（二）工艺流程

选料→清洗→蒸煮→去皮→打浆→热水浸提→酶解浸提→调整糖酸度→添加酵母→主发酵→酒渣分离→后发酵→澄清→巴氏杀菌→灌装。

（三）工艺要点

1. 处理原料

挑选无虫蛀、霉烂的鲜枣果（全红期），清洗干净后放到 100℃沸水中 30 min，去皮，将果肉打成浆。料液与纯净水按 1∶2.5 的比例配制提取液，于

90℃热水中浸提 100 min，降温后加入 0.1%果胶酶，50℃条件下酶解浸提 3 h，之后加白糖使提取液总糖含量为 23%，添加酒石酸，将酸含量调整为 0.75%。

2. 发酵酒精

添加 0.04%酵母，在 25~28℃条件下发酵，每 4 h 搅拌 1 次，每天测糖度和酒精度，糖度不变时结束发酵。

3. 分离皮渣

用纱布过滤，使酒渣分离。

4. 后发酵

将枣酒滤液在 10~12℃条件下静置发酵，时间约 40 d。

5. 澄清

在发酵后的枣酒中加入充分溶解的 0.3 g/L 硅藻土，充分摇匀，在 0℃条件下静置 20 d 后过滤。

6. 灭菌

将澄清过滤后的枣酒进行巴氏杀菌(62~65℃，30 min)，然后灌装。

十一、枣醋加工技术

(一)工艺流程

枣果→筛选→清洗→预煮→打浆→酶解→调配→加入酵母菌进行酒精发酵→原料枣酒→加入醋酸菌进行醋酸发酵→醋汁→过滤→调配→灭菌→包装。

(二)工艺要点

1. 制枣汁

1 kg 鲜枣加 8 kg 水配制成枣水，在 90℃条件下预煮 20 min。去核打浆制成枣汁。然后按 1 L 枣汁加 1 g 果胶酶的比例加入果胶酶，在 50℃条件下酶解 2 h。

2. 灭菌

将调整后的枣汁灭菌 20 min,冷却备用。

3. 菌种活化

100 g 纯净水加入 1 g 酵母、2 g 蔗糖,搅拌均匀,在 40℃条件下活化2 h 备用。

4. 酒精发酵

枣汁中添加 0.04%酵母,在 25~28℃条件下发酵,每 2 h 搅拌 1 次,每天测糖度和酒精度,糖度不变时结束发酵。

5. 醋酸发酵

将活化后的醋酸菌加入酒精发酵后的溶液中,在 30℃条件下进行醋酸发酵。

6. 终止发酵

总酸含量不再升高时,1 L 发酵液加入 15 g 食盐终止醋酸菌活动。之后即可过滤、澄清、巴氏消毒、灌装。

参考文献

[1] 王雨,李占林,斯琴,等. 新疆枣产业现状及发展建议[J]. 落叶果树,2020,52(03).

[2] 陈红玉,马光跃,杨俊强,等. 山西省沿黄枣区红枣产业现状及发展对策[J]. 北方园艺,2019(22).

[3] 王雨,李占林,刘晓红. 新疆枣标准化生产技术推广专题——新疆枣发展现状及品种选择[J]. 新疆林业,2019(02).

[4] 杨建华. 山西省枣产业发展现状分析[J]. 山西林业科技,2018,47(03).

[5] 张佳林. 河北省枣生产现状及发展对策研究[D]. 保定:河北农业大学,2018.

[6] 王中堂,新岗,周广芳,等. 山东省枣产业发展和种质资源现状分析[J]. 河北科技师范学院学报,2017,31(03).

[7] 纪晴,石倩倩,徐世宏,等. 枣产品开发现状及未来趋势研究[J]. 农村经济与科技,2015,26(07).

[8] 张琼,谭淑玲,王中堂,等. 山东省枣栽培现状分析[J]. 落叶果树,2014,46(06).

[9] 赵建明. 冬枣优质高产栽培[M]. 北京:金盾出版社,2016.

[10] 王仁才, 钟晓红. 南方枣业发展现状及对策 [J]. 湖南农业科学,2013(15).

[11] 毕金峰,于静静,白沙沙. 国内外枣加工技术研究现状[J]. 新疆农机化,2010(03).

[12] 张琼. 枣高效栽培[M]. 北京:机械工业出版社,2015.
[13] 周广芳. 枣高效栽培[M]. 济南:山东科学技术出版社,2015.
[14] 刘孟军. 中国枣种质资源[M]. 北京:中国林业出版社,2009.
[15] 单守明. 葡萄优质高效栽培[M]. 北京:机械工业出版社,2016.
[16] 周俊义. 枣高效栽培教材[M]. 北京:金盾出版社,2011.
[17] 周正群. 枣安全生产技术指南[M]. 北京:中国农业出版社,2012.